Meike Müller

# Du bist großartig!

## Den inneren Kritiker loswerden und im Job durchstarten



STARK

**Meike Müller**

Expertin für Auftrittscoaching, lebt und arbeitet in Berlin.
Zu ihren Kunden zählen Führungskräfte und zahlreiche Politikerinnen und Politiker. Als Referentin und Keynote Speaker tritt sie in Unternehmen und auf Veranstaltungen auf.

Mit Illustrationen von Stefan Kugel

ISBN 978-3-8218-5715-2

*In Liebe und Dankbarkeit*
*für meine Eltern Erika und Harald Müller,*
*die mich ermutigt haben,*
*meinen Weg zu gehen.*

# Inhaltsverzeichnis

# Einführung

Woran scheitern Auftritte? Wieso klappen Jobinterviews nicht? Weshalb gehen schwierige Gespräche in die Hose? Oft liegt es nicht an der fehlenden Bereitschaft, sich angemessen auf die jeweilige Situation einzustellen, wie mir Klientinnen und Klienten bestätigen. Die meisten trainieren ihre Auftritte, bereiten sich detailliert auf anspruchsvolle Gespräche vor, legen sich gute Formulierungen zurecht. Aber wenn's drauf ankommt? Dann lösen sich alle Vorsätze in Luft auf. Ihnen gehen die Argumente aus, sie sprechen zaghaft und mit viel zu leiser Stimme und stellen ihr Licht unter den Scheffel.

Der gute Wille und das Wissen allein genügen offensichtlich nicht, um Ziele zu erreichen. Da kann man sich hundertmal ganz vernünftig sagen: „Ich bin gut vorbereitet, so was mache ich doch nicht zum ersten Mal, ich kenne mich bestens aus auf dem Gebiet ..." Dem Körper scheint das egal zu sein. Die Hände werden feucht, die Kehle trocken, das Herz schlägt bis zum Hals. Das Gehirn ist mit anderen Dingen beschäftigt als logische, überzeugende, wohl formulierte und gut hörbare Sätze zu produzieren.

Warum ist das so? Hier kommt jemand ins Spiel, der sich, wie Sie beim Blättern durch das Buch vielleicht schon entdeckt haben, zwischen die Seiten gemogelt hat. Eine fiese kleine Type. Und möglicherweise kommt Ihnen dieser Störenfried recht bekannt vor: Die Rede ist von unserem inneren Kritiker. Jeder Mensch hat so einen allzu anhänglichen Lebensbegleiter, eine wahre Klette, äußerst streng und extrem kritisch. Er verurteilt, zieht alles in den Dreck, ist niemals objektiv, findet immer den wunden Punkt und bohrt darin gnadenlos herum. Er treibt Befürchtungen auf die Spitze, lässt an niemandem ein gutes Haar, richtet den Fokus immer auf Fehler und Schwächen, macht Sie blind für Ihre positiven Seiten, ist voller Vorurteile, taub gegenüber logischen Argumenten, hat immer etwas auszusetzen, ist extrem beharrlich, lügt wie gedruckt und macht mit Begeisterung aus der Mücke einen Elefanten.

Vielleicht haben Sie die eine oder andere Bemerkung, die der innere Kritiker hier im Buch fallen lässt, auch schon mal gehört. Das sind Sätze wie „Komm, vergiss es, das kriegst du nicht hin“, „In deinem Alter kann man so was nicht mehr lernen“, „Ach, das passt doch gar nicht zu dir – das nimmt dir keiner ab“, „Du bist nicht gut genug“ oder „Oh, war das aber wieder peinlich, was du dir da geleistet hast“. Hätte der eine oder andere Spruch auch von Ihrem persönlichen Kritiker kommen können? Würde mich nicht wundern. Die inneren Störenfriede dieser Welt sind nicht besonders kreativ und gehen nach ganz ähnlichen Mustern vor, um einem das Leben schwer zu machen.

Und wie reagieren Sie, wenn Ihr innerer Kritiker versucht, Sie aus der Bahn zu werfen? Machen Sie es ihm leicht, indem Sie sofort an sich zu zweifeln beginnen, sich Vorwürfe machen, sich nichts mehr zutrauen und alles in Frage stellen? Dann wird er jubeln: Ziel erreicht, weiter so! Oder schaffen Sie es, zumindest hin und wieder, sich einfach taub zu stellen? Ihm den Mund zu verbieten? Ihn gar auszulachen? Dann: Glückwunsch – Sie sind auf dem richtigen Weg.

Ihr langfristiger Erfolg in allen Lebensbereichen hängt davon ab, wie Sie es hinbekommen, die Worte Ihres inneren Kritikers anzuzweifeln, einfach auf Durchzug zu schalten und ihn nicht ernst zu nehmen. Wie gut es Ihnen gelingt, den Saboteur zum Schweigen zu bringen. Das wiederum mag er gar nicht. Dann zieht er sich muffelig und beleidigt zurück. Er verliert an Gewicht, wird saft- und kraftlos und hat keine Energie mehr, um dazwischenzufunken. Und Sie können endlich Ihr Ding machen, Neues wagen, sich an Ihren Fähigkeiten und Möglichkeiten freuen und Ziele angehen, die Sie schon lange im Auge hatten.

Und genau dazu möchte ich Sie ermutigen und mit diesem Buch unterstützen. Zunächst geht es darum zu untersuchen, wie dieser Miesmacher so tickt. Schließlich gibt es ohne gründliche Diagnose keine erfolgreiche Behandlung. Das heißt, es ist nötig, Ihren Kritiker und seine Verhaltensmuster genau unter die Lupe zu nehmen, um ihm letztlich den Garaus zu machen.

Anschließend widme ich mich den Bereichen, in denen der innere Kritiker besonders engagiert sein Unwesen treibt. Da sein grundlegendes Ziel darin besteht, Ihr persönliches Wachstum zu verhindern, setzt er seine Attacken genau da an, wo dies möglich sein könnte. Das heißt, wenn es darum geht, das eigene Potenzial zu erkennen (s. S. 19 ff.), einen guten Draht zu anderen zu finden, (s. S. 45 ff.), schlagfertig zu kontern (s. S. 73 ff.), einen starken Auftritt hinzulegen (s. S. 87 ff.), klare Worte zu benutzen (s. S. 105 ff.) und sich selbst und andere zu motivieren (s. S. 121 ff.). Und selbst dann, wenn Sie Entspannung und Genuss anstreben (s. S. 155 ff.), versucht er, zu sabotieren. Alles Wissenswerte zu diesen Themen und vor allem, wie Sie dieses Wissen „kritikerfest" machen, erfahren Sie hier. Am Ende des Buches wissen Sie, wie Sie Ihre Stärken zielgerichtet einsetzen, wie Sie für sich und Ihr Anliegen Partei ergreifen, wie Sie im Kontakt mit anderen an Profil gewinnen, wie Sie verbal und nonverbal selbstbewusst auftreten, motiviert Aufgaben angehen und schließlich mit Gelassenheit und Freude sich selbst die wohlverdiente Wertschätzung geben. Zum Trainieren und Vertiefen gibt es für jeden Themenbereich die entsprechenden Tricks, mit denen Sie Ihren persönlichen Miesepeter knebeln und zum Schweigen bringen.

Neugierig geworden? Ja, worauf warten Sie noch – ich wünsche Ihnen viel Spaß beim Lesen!

# 1. Wenn der innere Kritiker sich zu Wort meldet, haben Sie nichts mehr zu lachen

In der Regel nimmt man den persönlichen Kritiker im Selbstgespräch als innere Stimme oder in Form von Gedanken wahr. Hier in diesem Buch haben Sie ihn auch deutlich vor Augen: der Sprücheklopfer, wie er leibt und lebt. Zumindest stelle ich ihn mir so vor.

Ich habe festgestellt, dass ich mir meinen persönlichen Miesepeter besser vom Hals halte, wenn ich ihm eine Gestalt gebe. Mir fällt's leichter, ihn ruhig zu stellen, mich zu wehren und abzugrenzen, wenn ich ihn vor mir sehe und direkt ansprechen kann.

Deshalb habe ich ihm auch einen Namen gegeben:

**ICKE**

Ich empfehle Ihnen, Ihren inneren Kritiker ebenfalls zu taufen – es macht vieles einfacher, zum Beispiel die Auseinandersetzung mit ihm. Er lässt sich so besser in die Schranken weisen, und auch das Auslachen fällt leichter. Auseinandersetzung? In die Schranken weisen? Auslachen? Sie denken wahrscheinlich langsam, wo bin ich denn hier hinein geraten. Ja, zugegeben, ich weiß, es klingt merkwürdig, mit einem eigentlich unsichtbaren Etwas auf diese Weise in Kontakt zu treten. Aber vielleicht geben Sie mir etwas Zeit, Icke näher zu beschreiben und Sie zu überzeugen, dass es sinnvoll ist, über die seltsame Beziehung mit diesem lebenslangen Anhängsel nachzudenken und sie vor allem neu zu gestalten.

Also, warum heißt meiner überhaupt Icke?

Icke, das hört man in Berlin, wo ich lebe, als Abwandlung von „ich" naturgemäß oft. In meinen Ohren klingt das kumpelhaft, keck, ja auch freundlich. Und genauso möchte Dauerbegleiter Icke wirken – ganz harmlos-nett, als gehe keine große Gefahr von ihm aus, wenn er stets mit von der Partie ist. Dabei hat er es faustdick hinter den Ohren. Die harmlose Außenwirkung ist eine perfekte Maskerade, doch dahinter verbirgt sich ein Wolf im Schafspelz, wie dieses Buch zeigen wird. „Icke" steht wörtlich genommen zwar für „ich", sollte aber nicht mit dem Menschen selbst verwechselt werden, was dem inneren Kritiker am liebsten wäre und wofür er alle Hebel in Bewegung setzt.

Sprücheklopfer Icke ist nur ein Teil von uns, ein Persönlichkeitsanteil, der eben nicht identisch ist mit dem ganzen Menschen – darin sind sich Psychologen, Therapeuten, Ärzte und spirituell Interessierte einig. Je nachdem, aus welcher Ecke der Experte oder die Expertin kommt, wird der innere Kritiker unterschiedlich getauft: ob innerer Richter oder das falsche Selbst, Über-Ich oder Ego ... In dieser Reihe macht sich Icke doch ganz gut.

## Icke war mal nützlich

Der innere Kritiker hat sich so in unser Dasein eingeschlichen, dass wir meinen, ohne ihn ginge es gar nicht mehr. Und brauchen wir ihn nicht auch? Will er uns denn nicht nur vor gefährlichen Höhenflügen warnen, uns auf den harten Boden der Tatsachen zurückbringen, wenn wir zuuu positiv werden, indem er uns Dinge einflüstert wie „Lass das mal lieber, das wird sicher nix", „Dafür bist du nicht gut genug“ oder „Noch freust du dich, aber das dicke Ende kommt noch“ ...? Eine klare Antwort: Nein, will er nicht! Er will uns ausbremsen, klein machen, Ängste schüren.

Icke ist also überflüssig? Ja, mit einer Einschränkung: Icke hatte in der Vergangenheit jedes Menschen seine Daseinsberechtigung. Er war die Stimme der anderen, in der Regel die der Eltern – in jedem Fall die Stimme der Person, die Sie erzogen hat, die Ihr Verhalten be- und wahrscheinlich des Öfteren auch verurteilt hat. Oder kennen Sie nicht Sätze wie „Mit dir hat man immer Ärger“, „Deinetwegen bin ich traurig“, „Warum kannst du nicht so freundlich wie andere Kinder sein“ oder „Alles, was du in die Hand nimmst, geht daneben“? Vielleicht sind es auch nur Spitznamen, die noch nachwirken, wie „Dummerchen“ oder „Dickerchen“?

Der innere Kritiker ist aus der Verinnerlichung von Normen und Werten regelnder Menschen entstanden, mit denen Sie aufgewachsen sind. Diejenigen, die erziehen, sagen dem Kind, wo es lang geht, was es tun darf und was nicht, was richtig und was falsch ist. Wenn das Kind beginnt, unabhängiger zu werden, sich selbstständiger in der Welt zu bewegen, weil es in die Schule geht, einen Freundeskreis findet, immer mehr Aktivitäten außerhalb des Dunstkreises der Erziehenden sucht, ist diese Stimme dazu da, mit anderen zurecht zu kommen, auch wenn die Eltern nicht dabei sind. Jetzt, da niemand mehr ständig an der Seite des Kindes ist, wird diese Aufgabe nach innen verlegt. Das Über-Ich, der innere Kritiker, soll das Kind in gewisser Weise beschützen, damit es in der Welt da draußen klarkommt, sich angemessen in der Gesellschaft verhält. Als Kind passen wir uns an, sichern damit unsere Zugehörigkeit. Für uns ist vieles noch neu, und wir können noch nicht wissen, was wann wie zu tun ist. Das kindliche Über-Ich schützt uns vor Strafe, indem es dafür sorgt, dass wir uns so anpassen, wie es die Erziehenden für richtig halten.

Als Übergangslösung eine gute Sache. Nur blöd, dass viele von uns mit 40, 50 oder noch älter dieser Stimme nach wie vor folgen und sich klein machen lassen, vor Aufgaben zurückschrecken, sich nicht erlauben, ihr Potenzial auszuschöpfen. Sie glauben immer noch den Worten des inneren Kritikers – Worte, die sie immer und immer wieder seit Kindheitstagen gehört haben und weiter hören. Denn das Unbewusste hat die Stimme abgespeichert und fördert sie stets zutage, besonders dann, wenn es darum geht, sich weiter zu entwickeln, unbekanntes Terrain zu betreten, für sich selbst Partei zu ergreifen, im Mittelpunkt zu stehen, für sich zu werben – kurz: immer dann, wenn es um persönliches Wachstum geht.

## Zu viel Anpassung

Der innere Kritiker hat sich zu einer Instanz entwickelt, die zwanghaft den Status Quo festhält und sichert. Er macht uns Vorschriften, wie wir zu sein haben. Weichen wir davon ab, lässt seine vernichtende Kritik nicht lange auf sich warten. Um das zu vermeiden, reagieren die Menschen häufig mit einem Zuviel an Anpassung. Sie lassen sich ihre Individualität beschneiden, sodass sie sich nicht oder nur bedingt persönlich entwickeln und ihre Möglichkeiten, Wünsche, Bedürfnisse, die ein glückliches Leben ausmachen, nicht verwirklichen.

Interessant ist, dass alle inneren Kritiker dieser Welt zu den gleichen Instrumenten und Methoden greifen, um ihre Opfer – in diesem Falle Sie – zu malträtieren.

Das heißt, ganz gleich, ob Sie ihn Icke, Ego, Über-Ich nennen oder einen neuen Namen finden, wichtig ist es, ihn zu durchschauen und ihm das Handwerk zu legen. Denn: „Dein Ego (= innerer Kritiker, eig. Anm.) ist nicht da, um dir was zu bringen. Es ist nur dazu da, um sich an der Macht zu halten." Und manchmal „steht es Todesängste aus, weil es nämlich demnächst eins auf den Deckel kriegen soll ... mach weiter so ... und die Tage dieses Schurken sind gezählt. Nicht mehr lange, dann ist dein Ego arbeitslos ... Dein Ego kämpft also um sein Leben, treibt seine Spielchen ... Ignorier es einfach."[1] Das ist der kluge Rat von Freund Richard an die Autorin Elizabeth

Gilbert, die Schwierigkeiten hat, sich beim Meditieren von den runterziehenden Gedanken ihres inneren Kritikers zu lösen und daher nicht in den entspannten Zustand gelangt – beschrieben in ihrem wunderbaren Buch *Eat, Pray, Love*, einem Erfahrungsbericht über die Suche nach Balance zwischen innerem und äußerem Glück.

## 2. Ickes Top-Ten der Torpedierungsversuche

Je besser Sie Ickes Spielchen durchschauen, desto leichter wird es für Sie, ihn in den Griff zu bekommen. Hier die Top-Ten seiner Lieblings-Methoden:

### 1. Icke verurteilt

Wenn mal was daneben gegangen ist, braucht man nicht lange zu warten und Icke meldet sich zu Wort.

„Boah, wie doof war das denn? Das hätteste aber besser machen können. Ist das jetzt peinlich!"

Völlig ungefragt gibt er unnötigerweise seinen Senf dazu, obwohl man selbst längst weiß, dass das gerade Geschehene kein Erfolg war. Ickes Kommentare sind so überflüssig wie ein Kropf. Trotzdem lässt er nicht nach. Er bohrt und bohrt, legt den Finger in die Wunde, sorgt dafür, dass man immer und immer wieder an die Situation denkt. Er gibt gern noch eins drauf und beschimpft uns:

„Erinnere dich, wie du Trottel dich blamiert hast. Alle fanden das ganz schlimm. Das wird keiner vergessen, was du Idiot dir da geleistet hast."

Wenn es ums Verurteilen geht, ist Icke in seinem Element und vor allem nicht zimperlich. Beschimpfungen gehen ihm nur allzu leicht von der Zunge. Da kennt er gar nichts. Je stärker die Wirkung, die er bei Ihnen erzielt, desto berauschter ist er, sodass er gar nicht mehr aufhören mag, seinen enormen Einfluss auf Sie auszuleben und zu genießen.

## 2. Icke verallgemeinert und übertreibt

„Nie“, „immer“ und „alle“ zählen zu Ickes Lieblingswörtern. Ihm reicht ein einziger Misserfolg oder klitzekleiner Fehler, um Ihnen daraus einen Strick zu drehen und eine allgemein gültige Regel abzuleiten, die ab sofort und für immer gilt. Einmal hat eine Sache nicht so geklappt wie gewünscht und schon stichelt Icke: „Nie kannst du etwas richtig machen. Bei dir geht immer alles daneben ...”
Ein weiteres Beispiel: Ein Einzelner aus einer Runde von 15 Leuten gibt Ihnen ein nicht so positives Feedback wie die anderen zuvor. Zeit für Ickes Einsatz:

„Siehste, alle finden dich total blöd.
Nur einer traut sich ehrlich zu sagen,
was alle denken."

Icke ist Meister im Übertreiben und Verdrehen. Ein Leichtes für ihn, aus jeder Mücke einen Elefanten zu machen.

## 3. Icke hat den Tunnelblick

Stellen Sie sich vor, Sie bekommen von Ihrem Chef im Mitarbeitergespräch eine Rückmeldung über Ihre Arbeitsleistung. Ihr Chef ist äußerst zufrieden und froh, dass Sie im Team sind. Er gibt Ihnen eine neue, interessante Aufgabe und erwähnt außerdem, dass Sie beim nächsten Projekt bitte etwas besser auf die Einhaltung des Zeitrahmens achten sollten. Das hätte beim letzten Mal nicht so gut geklappt. Seien Sie sicher: Icke schafft es, aus diesem Gespräch, das überwiegend positiv und voll des Lobes war, eine Sequenz herauszufiltern – nämlich die Sache mit der Zeit – und sie so aufzublähen, dass Sie am Ende des Tages wegen dieser ach so negativen Rückmeldung deprimiert nach Hause gehen.

## 4. Icke stellt scheinheilige Fragen

Scheinheilig deshalb, weil er nicht wirklich eine Antwort haben möchte und es sich um Suggestiv-Fragen gepaart mit Verallgemeinerungen handelt, die nur ein Ziel verfolgen: Sie so richtig runterzuziehen, damit Sie ohne Kraft und Energie sind für kommende Aufgaben. Eine Kostprobe?

„Warum gelingt dir das eigentlich nie? Und warum machst du alles kaputt? Ach ja, und weshalb läuft bei dir eigentlich immer alles aus dem Ruder ...?"

## 5. Icke gibt Ihnen die Schuld

Für Ihren inneren Kritiker ist klar: Wenn was schief gelaufen ist, dann ist es Ihre Schuld. Ihre Unfähigkeit, Ihre fehlende Sorgfaltspflicht, Ihre Faulheit, Ihr Übereifer ... Er findet schon etwas, was Ihnen Schuldgefühle macht. Jede Wette!

## 6. Icke vergleicht

„Andere tun sich aber mit solch einer Aufgabe nicht so schwer wie du."

Ickes keifende Stimme kennt kein Pardon, wenn Sie zum Beispiel mit einer Arbeit nicht vorankommen oder innehalten, um zu überlegen, wie Sie weiter machen wollen. Selbst wenn es bei Ihnen gut läuft, ist das für den inneren Kritiker kein Grund, sich mit Kommentaren zurückzuhalten. Sie haben gerade einen wichtigen Karriereschritt gemacht, die Beförderung hat geklappt oder Sie haben ein anderes für Sie bemerkenswertes Ziel erreicht? Eigentlich alles wunderbar, aber die Freude ist nicht von langer Dauer. Icke schafft es, Ihnen vor Augen zu halten, dass viele im gleichen Alter schon ganz andere Dinge erreicht haben, zudem mehr Geld verdienen und sich dabei weniger anstrengen müssen. Mit Vergleichen kann Icke noch jeden Erfolg kleinreden und jede Freude in ein schales Gefühl verwandeln. Seien Sie sicher, er ist dafür Experte. Glauben Sie nicht? Warten Sie mal auf die nächste Gelegenheit und achten Sie darauf, welche Stimme sich da über kurz oder lang bei Ihnen meldet. Denn ...

## 7. Icke ist flexibel

Weil er ein Meister seines Faches ist, gelingt es ihm nicht nur bei Misserfolgen, schlechte Stimmung zu verbreiten. Er kriegt das sogar hin, wenn etwas, wie gerade beschrieben, gut gelaufen ist. Sollte sich ein Vergleich nicht anbieten, dann redet er einfach Ihren Erfolg klein:

„Mann, da hast du aber richtig Schwein gehabt, dass die dir nicht auf die Schliche gekommen sind, denn sooo toll war deine Leistung auch nicht. Hast du nicht gesehen, Kollege Fischer, der hat total skeptisch geguckt, als du deine Idee vorgeschlagen hast. Der hat sofort erkannt, dass du nicht so viel drauf hast, wie du vorgibst. Die anderen haben dir das diesmal noch abgekauft, aber nochmal kommst du mit der Nummer nicht durch. Außerdem war das jetzt ja auch keine große Sache. Und überleg mal, wie sehr du dich dafür angestrengt hast. Lächerlich."

So viel ist klar: Der innere Kritiker findet immer einen Weg, einem in die Suppe zu spucken. Er hat den Dreh raus, dass Sie sich schlecht, dumm, unfähig und gar nicht so selten auch wertlos fühlen.

Seine Flexibilität zeigt sich außerdem darin, dass er problemlos die Strategien wechselt. So rät er Ihnen zum Beispiel unbedingt dazu, allen Menschen grundlegend zu misstrauen, mit denen Sie in guten Kontakt kommen, die Sie überzeugen oder vor denen Sie etwas präsentieren wollen. Er schärft Ihnen ein: „Halt dich fern, geh auf Abstand, die wollen dich fertig machen." Icke wertet andere Menschen ohne mit der Wimper zu zucken ab. Dass Sie sich mit ihnen gut verstehen oder sogar verbünden, will er um jeden Preis verhindern. Er befürchtet, dass Sie sich dann gemeinsam mit geballter Wucht gegen ihn wenden könnten.

Andererseits schwenkt er, sofern es ihm gerade in den Kram passt, sofort auf die gegenteilige Strategie um, wenn zum Beispiel andere Menschen Sie verletzen, provozieren oder bloßstellen. In diesem Fall sind die anderen auf einmal maßgeblich, unheimlich wichtig, ernst zu nehmen und sowieso im Recht. Icke rät Ihnen flugs dazu – ob der enormen Überlegenheit der anderen – bloß den Mund zu halten, sich um Gottes willen nicht zu wehren und schon gar nicht deutlich die Meinung zu sagen. Dass Sie beispielsweise durch einen schlagfertigen Konter für sich Partei ergreifen, mag er nicht, weil Sie sich damit für sich stark machen, also Ihren Wert erkennen und diesen auch zu schützen wissen. Das verunsichert Icke und macht ihm Angst, ins Abseits zu geraten.

## 8. Icke katastrophiert

Das Herbeireden von Katastrophen ist eine weitere Spezialität unseres Miesmachers. Seine Fantasie kennt keine Grenzen, um Gedanken zu entwickeln, die bestens zum Reinsteigern geeignet sind. Ein Beispiel: Da ist man zum Termin mit dem Kunden etwas spät dran, gerät dann auf der Straße ins Stocken, zu allem Überfluss noch eine Umleitung – höchste Zeit für Icke, die Führung zu übernehmen und einem 'ne Blase ans Ohr zu kauen:

„War ja klar, dass du zu spät kommst. Das ist wieder typisch für dich. Der Kunde wird nicht ewig warten. In jedem Fall wird er sauer sein. Zu Recht. So etwas Unzuverlässiges wie dich kann der nicht gebrauchen. Der ist nicht auf dich angewiesen. Es gibt tausend Andere, die liebend gern den Auftrag übernehmen. Aber du schaffst es nicht ein einziges Mal, pünktlich zu sein. So was spricht sich schnell rum. Keiner will mehr mit dir arbeiten. Dann kannst du einpacken. Die schöne, neue Wohnung? Vergiss sie! Wovon willst du die bezahlen, wenn keine Aufträge mehr ins Haus kommen ... vom Auto ganz zu schweigen?"

Icke bringt Sie dazu, sich zu sorgen und Angst davor zu bekommen, was passiert, was bestimmt wieder schief gehen wird und was die anderen über Sie denken könnten.

## 9. Icke ist ein penibler Beobachter

Alles, was Sie denken und fühlen, wie Sie aussehen oder was Sie machen, nimmt Ihr innerer Kritiker unter die Lupe und nutzt es umgehend als Angriffsziel. Er konzentriert sich mit voller Kraft auf das, was angeblich nicht stimmt, was schlecht läuft, was mit Ihnen nicht in Ordnung ist, was Sie angeblich falsch machen oder sicher falsch machen werden. Icke wird nicht müde, Sie immer wieder daran zu erinnern, was Ihnen in der Vergangenheit nicht gelungen ist, wo Sie sich blamiert und geschämt haben. Er führt genauestens Protokoll über Ihre Misserfolge, Probleme und Enttäuschungen. Er lässt nichts aus und sei es noch so unbedeutend.

## 10. Icke ist zielstrebig und beharrlich

Ihm geht's gut, wenn Sie sich klein, unsicher und mies fühlen. Ist das geschafft, kann er schalten und walten, wie er will. Und Sie? Sie haben sich ganz, ganz weit von sich selbst, Ihrem wahren Ich, entfernt, weil Sie in Ickes Falle getappt sind. Weil Sie seine Worte für bare Münze genommen haben. Es ist zugegebenermaßen schwierig, die Ohren auf Durchzug zu schalten und dieser penetranten, scheinbar nie müde werdenden Stimme nicht zu lauschen und sich nicht nach ihr zu richten. Denn der innere Kritiker spricht immer mit Ausrufungszeichen, als verkünde er nichts als die Wahrheit.

Außerdem haben wir von Kindheit an trainiert, auf ihn zu hören. Damals kam die kritische Stimme noch von echten Menschen, zumeist von unseren Eltern, von denen wir existenziell abhängig waren, die uns umsorgt, erzogen und für uns bestimmt haben. Die uns auch bewertet und manchmal sogar abgewertet haben. Vielleicht waren Sie ein sehr aktives Kind und bekamen den Stempel „unruhig und unkonzentriert“ aufgedrückt? Oder Sie waren sehr wissbegierig, was hauptsächlich als „anstrengend und nervig“ empfunden wurde? Möglicherweise waren Sie sehr nachdenklich und fantasievoll, andere hielten Sie aber für „sooo langsam und verpeilt“? Für Sie persönlich war Ihr Verhalten, Ihre Eigenart, Ihr Sosein ursprünglich völlig in Ordnung, aber durch Ihre Abhängigkeit haben Sie das Urteil der anderen zu Ihrem eigenen gemacht. Was blieb Ihnen auch anderes übrig? Alternativangebote gab's schließlich nicht. Und so kamen Sie zu der Schlussfolgerung: „Aha, so ein Mensch bin ich also.“ Autor Byron Brown findet drastische Worte für dieses Phänomen. Er nennt es „Verrat an sich selbst“, die definierte Realität des familiären Umfelds anzunehmen, um Ablehnung, Isolation und Verlassenwerden zu vermeiden. Das sind die unbewussten Ängste des Kindes. „Selbstverrat ist ein anderes Wort für Selbstablehnung, die daraus resultiert, dass Sie sich als Kind von Ihren eigenen Gefühlen entfernt haben. Damals benötigten Sie den Abstand, um zu überleben und auch um später den elterlichen Angriffen auszuweichen, die nicht gestoppt werden konnten. Nun erkennen Sie, dass Sie sich von Ihrer gegenwärtigen Realität abwenden, wenn Sie sich mit dem Richter (= Icke, eig. Anm.) verwickeln – und damit wiederholen Sie den ursprünglichen Verrat an sich selbst."[2]

Sich von Icke zu verabschieden heißt, sich endlich zu sich selbst zu bekennen, sich anzunehmen, das eigene Potenzial zu sehen, wertzuschätzen und gegenüber Angriffen zu verteidigen.

Übrigens verwechseln manche den inneren Kritiker mit dem so genannten inneren Schweinehund oder Faulpelz. Ja, sicher gibt es da die eine oder andere Parallele. Es handelt sich hier aber um zwei unterschiedliche Persönlichkeitsanteile. Icke hat um einiges schärfere Zähne. Während uns der Schweinehund zum Faulsein, Aufschieben und Abwarten animiert, wartet Icke mit härteren Bandagen auf. Er will unser Selbstvertrauen grundlegend erschüttern. Er möchte, dass wir den Glauben an uns selbst verlieren und damit zur leichten Beute für ihn werden.

Ich finde, es ist jetzt höchste Zeit, Icke zu knebeln und nicht länger das eigene Handeln, Denken und Fühlen von ihm bestimmen zu lassen.

Und Sie?

# 3. Erkennen Sie Ihr Potenzial ... und entlarven Sie Ickes Torpedierungsversuche

„Was ich nicht kann, ist vor anderen zu reden. Und richtig schlecht war diesmal, dass ich zu wild rumgefuchtelt habe. Außerdem hab ich total wirres Zeug erzählt. Dabei war besonders peinlich, dass ich ...“

Die Liste ihrer – wie sie es nennt – „Fehler“ ist lang. Anna-Maria ist kaum zu stoppen, nachdem wir uns den Videomitschnitt ihrer Präsentation angesehen haben. Meine Frage dazu hatte gelautet: „Was ist Ihnen in der Präsentation gut gelungen?“ Als hätte sie mich falsch verstanden, führt sie diese Unendlich-Liste ihrer angeblichen Verfehlungen fort. Ich hake nach: „Und was ist gut gelaufen? Was haben Sie gut gemacht?“ Lange Pause. „Weiß nicht, aber was mir grad noch einfällt, was richtig schlecht war ...“ Ich unterbreche sie und frage noch mal. Anna-Maria kann die Frage nicht beantworten. Sie schaut ratlos in die Runde der anderen Seminarteilnehmerinnen und -teilnehmer, die es schon gar nicht mehr auf den Sitzen hält, weil sie ihr unbedingt sagen wollen, wie gut sie die Artikulation fanden und das Sprechtempo und die Sprache unterstützende Gestik ... „Ach ja“, sagt noch jemand abschließend, „deine sympathische Ausstrahlung gefällt mir am meisten.“ Anna-Maria hört ungläubig zu. Diese Runde hier scheint über einen anderen Menschen zu sprechen. Bei jedem Lob versucht sie, dagegen zu halten und noch mal in Erinnerung zu rufen, was alles nicht geklappt hat, was doch „alles ganz schrecklich“ war. Sie kann das positive Feedback nicht annehmen.

## Konzentration auf Fehler und Schwächen

Anna-Marias Verhalten ist keine Ausnahme. Immer wenn es darum geht, sich eine positive Selbsteinschätzung zu geben, tun sich viele Menschen enorm schwer. Im Gegensatz dazu brauchen sie keine Sekunde, um aufzuzählen, welche Fehler, Defizite, Vergehen und Peinlichkeiten sie sich zu Schulden haben kommen lassen. Die vernichtende Selbstkritik endet oft mit der wie in Stein gemeißelten Überzeugung: „Ich kann das eben nicht." Als Expertin für Auftrittscoaching habe ich mit Tausenden von Seminarteilnehmerinnen und -teilnehmern, Klientinnen und Klienten gearbeitet und immer wieder fällt mir dieses Verhalten auf. Ganz gleich, ob es sich um Führungskräfte oder Angestellte aus der Wirtschaft, Lehre, Forschung, Politik oder den Medien handelt.

Manchmal ist mein Beharren darauf, sich selbst ein positives Feedback zu geben, eine echte Belastungsprobe für mein Gegenüber. Ihm ist anzusehen, dass es ein Ding der Unmöglichkeit zu sein scheint, über sich selbst nur irgendetwas Gutes, Freundliches oder Lobendes zu sagen. Manch einer bittet inständig, ihn von dieser Aufgabe zu befreien mit der Begründung: „Da gibt's nichts Erwähnenswertes." Wenn ich trotzdem nicht locker lasse und um nur eine winzig kleine positive Anmerkung bitte, fällt die ausweichende Antwort mitunter so aus: „Vielleicht war es insgesamt nicht ganz so schlecht." Ich muss nachhaken, um eine konkrete Antwort zu erhalten. Fast widerwillig heißt es dann: „Na ja, vielleicht war meine Körperhaltung ja nicht sooo furchtbar". Manchem fällt nach beharrlicher Nachfrage und unendlich langer Pause maximal ein: „Dass ich das überhaupt gemacht habe, überrascht mich ..." Mehr Anerkennung für sich selbst ist nicht drin. Und kaum ist das Minimallob über die Lippen gekommen, hält die Angesprochenen nichts mehr, und es folgt wie bei Anna-Maria die Fortsetzung der Negativ-Liste – angeführt von einem dicken, großen Unwort, das jeglichen

Anflug von positiver Selbsteinschätzung sofort zunichte macht: das Wort …

## Lob irritiert

„Aber“ ist ein weiteres Lieblingswort von Icke. Denn es sorgt aus seiner Sicht dafür, dass das danach Folgende enormes Gewicht bekommt, dass jedes Lob, das vor dem „Aber“ gesagt wurde, sofort an Bedeutung verliert und möglichst – so Ickes Traum – in Vergessenheit gerät. Das gelingt ihm häufig, weil „Aber“ sehr mächtig ist.

Wir hören dieses Wort selbst dann schon, wenn es noch gar nicht ausgesprochen wurde. Stellen Sie sich vor, jemand lobt Sie mit den Worten: „Übrigens, Ihr Vortrag gestern hat mir sehr gut gefallen.“ Und Sie? Werden Sie sofort hellhörig? Lässt ein Lob Ihre Alarmglocken klingeln? Und wenn der Lobende am Satzende mit der Stimme ein klitzekleines bisschen oben bleibt, rechnen Sie dann auch mit dem Schlimmsten? „Pass nur auf, jetzt kommt der Klopper“, denken viele von uns in solch einem Moment. Denn das haben wir so gelernt: Spätestens nach einer wertschätzenden Bemerkung kommt die vernichtende Kritik. Sollte der Lobende dann wider Erwarten nicht zum „Aber“ greifen und keine Fehler, Vergehen oder Peinlichkeiten benennen, sondern seine positive Beurteilung womöglich noch ausbauen, werden wir ganz nervös. Spätestens jetzt übernehmen wir selbst den Job des Kritikers bzw. lassen einfach Icke Regie führen. Er sorgt dafür, dass wir sofort etwas erwidern, was das Lob zunichte macht. Hier einige Beispiele:

„Mensch, toll, wie Sie den Job gemacht machen."
Reaktion (unter Ickes Regie): „Aber das war ich doch gar nicht allein ..."

„Hübsch, deine Schuhe".
Reaktion (unter Ickes Regie): „Aber die waren doch ganz billig."

„Klasse, wie Sie es geschafft haben, diese Position zu erreichen."
Reaktion (unter Ickes Regie): „Aber das war doch nur Glück. Ich war zufällig zur rechten Zeit am richtigen Ort."

„Toll, wie Sie Ihren Vortrag eingeleitet haben!"
Reaktion (unter Ickes Regie): „Aber ich hab leider eine wichtige Information vergessen."

Wann immer Sie das eigene Können kleinreden, Leistungen nicht wertschätzen, mit Lob und Anerkennung nicht umgehen können, feiert Icke ein Freudenfest. Das ist ganz in seinem Sinne. Mit starken, entspannten, selbstbewussten Persönlichkeiten kann er nichts anfangen. Die lassen ihm keinen Raum. Die machen ihn über kurz oder lang arbeitslos. Ihr innerer Kritiker wird getrieben von der puren Angst, in der Bedeutungslosigkeit zu versinken. Damit das nicht passiert, stellt er diesen Zinnober an. Sie sollen schließlich nicht auf die Schnapsidee kommen, sich Ihrer Besonderheit bewusst zu werden, über Ihre Erfolge zu reden oder ein Lob freudig anzunehmen mit Worten wie „Schön, dass Ihnen das auffällt, das sehe ich auch so" oder „Herzlichen Dank für Ihr positives Feedback, das freut mich". Und erst recht kommt es für Icke nicht in die Tüte, dass Sie sich selbst loben. Um das zu verhindern greift er auf Bewährtes wie Poesiealbenverse oder Sprichwörter zurück. Die sind so schön eingängig. Wie wär's mit:

„Eigenlob stinkt und Hochmut kommt vor dem Fall."

Haben Sie das auch gelernt? Sich selbst loben, das macht man nicht? Wer zu viel von sich selbst hält, muss die Zeche am Ende teuer bezahlen? Nein, das gehört sich nicht, man schiebt sich nicht in den Vordergrund – zumindest Sie nicht, meint auch der Besserwisser:

„Da muss man schon aus ganz anderem Holz geschnitzt sein, um sich so in den Vordergrund zu spielen. Aber du kleines Licht? Sei froh, in der zweiten Reihe bist du genau richtig. So kann dir auch niemand vorwerfen, dass du angeberisch oder zu sehr von dir eingenommen bist."

Warum ist der Sprücheklopfer mit seiner Methode nur so erfolgreich, warum fallen wir immer wieder auf ihn rein? Weil viele von uns von klein auf einen nagenden Gedanken mit sich herumtragen: nicht gut genug zu sein, nicht zu genügen, irgendwie nicht richtig zu sein. Schließlich gibt es so viele Gründe, die gegen uns sprechen (und wir glauben das nur zu leicht). Genau die schmiert Icke uns wieder und wieder aufs Brot. Mit diesem Gefühl von Minderwertigkeit ist es ganz schwer, eigene Stärken zu sehen oder überhaupt für möglich zu halten.

## Die Werbetrommel rühren

Das Dumme ist nur: Wer im Job durchstarten will, sollte andere unbedingt auf die eigenen Stärken und Erfolge aufmerksam machen. Es reicht nicht aus, gut zu sein. Sie müssen auch dafür sorgen, dass andere das merken. Sonst könnte es nur zu leicht passieren, dass Sie übersehen werden und schon nach kurzer Zeit sich niemand mehr an Ihre tollen Leistungen und Ergebnisse erinnert. Fatal für die Karriereleiter. Das heißt: Bringen Sie gegenüber Vorgesetzten Ihre Erfolge immer wieder ins Gespräch, streuen Sie bei geschäftlichen Anlässen geschickt Ihre Erfahrungen ein, lassen Sie nebenbei im Smalltalk fallen, was Sie erreicht haben ...

Die zwingende Voraussetzung für das Rühren der Werbetrommel in eigener Sache ist, dass Sie Ihre persönlichen Stärken, Talente und Besonderheiten überhaupt (er)kennen. Und genau hier hakt es häufig, so meine Beobachtung als Trainerin und Coach.

Ich kann mir vorstellen, dass einige von Ihnen jetzt etwas ratlos sind nach dem Motto: „Erfolge? Stärken? Talente? Fällt mir nichts ein." Das sind jedenfalls wiederkehrende Erfahrungen aus Seminaren und Workshops. Beim Thema „Marketing in eigener Sache" bitte ich die Teilnehmerinnen und Teilnehmer als Einstiegsaufgabe, eine Liste ihrer größten beruflichen Erfolge anzufertigen. Nur wenige greifen beherzt zu Stift und Papier und beginnen zu schreiben. Viele gucken mich mit großen Augen an, die Falten auf der Stirn formen sich zu einem prägnanten Fragezeichen, bis jemand sich meldet: „Was meinen Sie denn damit genau?" Um nicht die Antworten zu beeinflussen, halte ich mich mit Erklärungen zurück, sage noch mal was Allgemeines zu Erfolgen und guten Leistungen und gebe der Runde Zeit zum Nachdenken und Notieren. Wenn ich im Anschluss die Abfrage mache, passiert immer wieder Folgendes: Meistens tragen diejenigen vor, die sofort nach der Aufgabenstellung losgelegt und ihre Erfolge ohne Umschweife aufgeschrieben haben. Ihnen ist anzumerken, dass sie sich schon zuvor mit sich und ihren Qualitäten beschäftigt haben und sich ihrer *selbst bewusst* sind. Wenn diejenigen, die wenig notiert haben, die Ergebnisse der Vortragenden hören, ist eine sehr häufig zu vernehmende Reaktion: „Ach so! So was habe ich auch. Aber das habe ich nicht aufgeschrieben, ist doch ganz normal und kein besonderer Erfolg". Erfolg, das ist für sie mindestens ein Millionencoup, mit dem sie den Umsatz verzigfacht haben, eine Hammerkampagne, über die im Unternehmen noch Jahrzehnte gesprochen wird, ein Riesenprojekt, das sie ganz allein in Nullkommanix gestemmt haben, obwohl dafür normalerweise 20, nein, was sage ich, 30 Leute nötig wären. Mit anderen Worten, die Messlatte ist derartig hoch gelegt, dass Normalsterbliche sie nicht erreichen können. Das hat zur Folge, dass man sich selbst natürlich nie und nimmer als erfolgreich bezeichnen kann. Schon gar nicht, weil man lediglich ein schwieriges Gespräch gut geführt hat, man genau den geplanten Zeitrahmen für ein Projekt eingehalten hat oder weil man die Kosten um ein Prozent senken konnte ... Nein, nein, das zählt nicht. Vor allem für diejenigen nicht, die derlei Workshops grundsätzlich nur in Begleitung besuchen. Dieser Anhang braucht keinen extra Stuhl, er hängt der Bezugsperson praktischerweise im Nacken, nah bei den Ohren, um möglichst schnell soufflieren zu können, was sie jetzt denken, handeln oder fühlen soll.

Sie ahnen es, ja genau, im Saal sind nicht nur Menschen aus Fleisch und Blut. Lauter Ickes, innere Kritiker, Egos, Richter, Miesepeter und Druckmacher verpesten die Atmosphäre und mischen sich immerzu ein, um es den hier Versammelten so schwer wie möglich zu machen, sich auf ihre Stärken und Talente zu konzentrieren, geschweige denn, sich etwaige Erfolge anzumaßen.

## Den eigenen Stärken auf der Spur

Schwierigkeiten, die eigenen Stärken überhaupt zu sehen, haben viele Menschen. Der Autor Richard N. Bolles brachte dies mal so schön auf den Punkt mit dem Satz:

„I wouldn't recognize my skills, even if they came up and shook hand with me“ (Ich würde meine Stärken nicht mal dann erkennen, wenn sie direkt auf mich zukämen und mir die Hand schüttelten).

Tja, Spaßverderber Icke arbeitet zuverlässig. Er weiß, wenn Sie Ihre Fähigkeiten, Stärken und Talente erkennen und einsetzen, könnte Sie womöglich ein neuer Job, ein Aufstieg oder eine Beförderung erwarten. Und das wäre gut für Ihr Selbstbewusstsein und damit schlecht für ihn als Miesmacher. Daher richtet Icke den Fokus doch lieber auf Fehler, Versäumnisse und Defizite. In Ihrem eigenen Interesse ist es nun höchste Zeit, die Knebel rauszuholen und den lästigen Dauerbegleiter außer Gefecht zu setzen, um Ihre Stärken ausfindig zu machen.

### Icke-Knebel-Trick Nr. 1: Stärken erkennen

Begeben Sie sich auf die Suche nach Ihren Talenten und Stärken, indem Sie am besten schriftlich folgende Sätze vervollständigen:

- Das ist mir wirklich gelungen, habe ich gedacht, als ich ...
- Anerkennung von anderen bekomme ich immer wieder für ...
- Besonders motiviert mich ...
- Leicht von der Hand geht mir ...
- Gut kann ich ...
- Ungeahnte Aktivität habe ich entwickelt, als ich ...
- Zu folgenden Themen werde ich immer wieder um Rat gefragt ...

Stellen Sie die Antworten, also Ihre Stärken, Fähigkeiten und Kompetenzen zusammen. Überlegen Sie, was noch fehlt. Und auch hier gilt: keine falsche Bescheidenheit. Lassen Sie sich nicht von Icke zensieren. Je länger die Liste, desto besser!

Es geht beim Bewusstmachen und Auflisten der eigenen Stärken nicht nur darum, etwas für den beruflichen Aufstieg zu tun. Es geht um Ihre Persönlichkeit. Es tut Ihnen gut, sich Ihrer *selbst bewusst* zu sein, Ihre Besonderheit wertzuschätzen, sich als einzigartige Person, als GROSSARTIGEN Menschen zu achten. Wenn Sie ein fundiertes Bild Ihrer Stärken haben, können Ihnen Misserfolge nicht mehr so viel anhaben und vor allem können Sie sich erfolgreich gegen die destruktive Kraft von Ickes Manipulationsversuchen zur Wehr setzen.

## Die Bedeutung von Anerkennung

Natürlich wäre es prima, ermutigend und motivierend, wenn man immer und immer wieder von anderen Bestätigung, Zuspruch und Anerkennung bekäme. Doch das ist wohl die Ausnahme. Coachees berichten darüber, dass sie Lob im Job stark vermissen. Ein Mitarbeiter eines großen Konzerns erzählt: „Wenn ich alles gut mache, geht man stillschweigend darüber hinweg. Wenn ich mir aber mal einen Fehler erlaube und sei er noch so klein, dann wird das zum großen Thema."

Fehlendes Lob ist nicht nur ärgerlich, sondern kann sogar krank machen und das Burnout-Syndrom begünstigen: „Wenn im Beruf bei denjenigen, für die man beruflich tätig ist, trotz hoher eigener Verausgabung sichtbare Erfolge ausbleiben und dies nicht durch Anerkennung von anderer Seite (Kollegen, Vorgesetzte) kompensiert wird, dann kommt es zur so genannten Gratifikationskrise"[3]), erklärt Neurobiologe und Psychotherapeut Joachim Bauer. Bei einigen Arbeitnehmerinnen und Arbeitnehmern führt dies dann zur Schlussfolgerung, dass sie für den Beruf nicht geeignet sind oder ihre Arbeit insgesamt sinnlos ist.

Kommt Ihnen das bekannt vor? Wenn das Gelobt werden auch bei Ihnen die Ausnahme ist, bleibt Ihnen nichts anderes übrig, als Icke ruhig zu stellen und sich selbst auf die Schulter zu klopfen. Natürlich müssen Sie sich nicht (nur) vor Publikum loben. Fangen Sie hiermit doch einmal vor der wichtigsten Person in Ihrem Leben an – vor sich selbst! Wenden Sie dazu den nächsten Knebel-Trick an, den, so seien Sie sicher, der innere Kritiker sofort abwehren will. Wenn man vom Teufel spricht, da meldet er sich ja auch schon zu Wort:

„Mach dich doch nicht lächerlich. Wie sieht das denn aus? Was soll das überhaupt bringen? Bei dir wird das eh nicht funktionieren."

Schalten Sie die Ohren auf Durchzug und probieren Sie es trotzdem. Mal schauen, wie kleinlaut Icke hinterher ist. Sie werden erstaunt sein ...

**Icke-Knebel-Trick Nr. 2: Eigenlob stimmt**

Blicken Sie in einen Spiegel, schauen Sie sich freundlich an und sagen Sie sich etwas, das Ihnen gut tut und zum Ausdruck bringt, dass Sie sich selbst achten, zum Beispiel „Du bist toll“, „Du kannst stolz auf dich sein“, „Du hast das Recht, an dich zu denken“, „Du darfst dir Fehler erlauben“, „Habe den Mut, Neues auszuprobieren“ oder „Du bist ein Geschenk für die Welt“. Bloß keine falsche Bescheidenheit! Loben Sie sich richtig ausführlich. Am Anfang wird es Ihnen merkwürdig vorkommen – Icke sorgt schon dafür. Schließlich hat er Ihnen immer wieder eingetrichtert: Das tut man nicht! Aber nach mehrmaligem Ausprobieren werden Sie feststellen, dass es Ihnen leichter fällt und innere Stärke gibt. Und genau die können Sie gebrauchen, um sich gegen den Miesmacher zu wehren, oder?

Wenn Icke versucht, Sie von solchen Übungen abzuhalten, weil das doch alles völlig unnötig wäre, albern und sowieso zwecklos, können Sie ihm locker eins husten. Selbstlob ist für das Wohlbefinden fundamental wichtig, das ist bewiesen. Das starke Selbstwertgefühl ist Voraussetzung für ein glückliches Leben. Es ist notwendig für einen gelassenen Umgang mit Herausforderungen aller Art und wichtig, um für sich Partei zu ergreifen und Dinge einzufordern. Sie brauchen es, um Neues zu wagen, um in einen guten Kontakt mit anderen zu kommen. Nur wer sich selbst etwas zutraut, dem werden auch andere vertrauen können. Anglistik-Professor und Mitbegründer des NLP (Neurolinguistisches Programmieren) John Grinder bringt es auf die eingängige Formel:

> „Erstens denke an deinen eigenen Zustand,
> zweitens denke an deinen eigenen Zustand,
> drittens denke an den Zustand der anderen.“

Ein ausgeprägtes Selbstwertgefühl und die daraus resultierende positive Ausstrahlungskraft sind gefragt, wenn Sie sich beispielsweise um einen neuen Job bewerben. Da werden keine selbstzweiflerischen, ausgelaugten, unsicheren Bewerberinnen und Bewerber gesucht, sondern die Tatkräftigen, Motivierten, Freundlich-Offenen erhalten den Vorzug. Sorgen Sie dafür, dass Ihre Nervensäge hier unbedingt den Schnabel hält, wenn Sie genau diesen positiven Eindruck beim potenziellen neuen Arbeitgeber oder bei wem auch immer erwecken wollen.

Vielen Menschen graut davor, sich um einen neuen Job zu bewerben, da es dabei hauptsächlich darum geht, für sich selbst zu werben: deutlich zu machen, warum sie der beste Kandidat, die beste Kandidatin sind, über berufliche Erfolge Auskunft zu geben, zu benennen, was ihre größten Stärken sind. Manche nennen das „Schleimerei“. Auf jeden Fall ist das Verfassen einer Bewerbung oder das Bewerbungsgespräch für viele unangenehm. Auch deshalb, weil sie erst jetzt darüber nachzudenken beginnen, was sie gut können, was ihnen besondere Freude macht, wo ihre Stärken liegen. Ich bin sicher, wenn es darum ginge zu erklären, warum sie auf gar keinen Fall für eine Stelle geeignet sind, würden jede Menge Leute in Nullkommanix und aller Ausführlichkeit so ein Anti-Bewerbungsschreiben mit äußerst überzeugenden Argumenten formulieren können, das nur eindringlich davor warnt, sie jemals einzustellen. Schließlich beschäftigen sie sich ein Leben lang mit all ihren angeblichen Nachteilen, Schwächen und Fehlern. Wenn ihnen dann doch ein möglicher positiver Aspekt in den Sinn kommt, weiß Icke genau, wie er ihnen diese vermeintliche Stärke wieder ausreden kann.

Vielleicht haben Sie beim 1. Knebel-Trick (s. S. 26) auch erlebt, dass Ihr Kritiker versucht hat, dazwischenzufunken. Gehen Sie zum Beispiel danach, was Ihnen leicht fällt (könnte ja ein guter Hinweis auf ein Talent sein), macht Icke das Ansinnen im Nu zunichte:

„Das nennst du eine Stärke?
Das ist so babyleicht, kriegt doch jeder hin."

Haben Sie Freude an einer bestimmten Tätigkeit – auch das ist ein Indiz für eine Stärke –, die Ihnen manchmal jedoch etwas schwerfällt, kommt sofort Ickes Einwand:

„Andere machen so was mit links.
Die sind Experten, aber du doch nicht ..."

Rechnen Sie damit, dass bereits das Nachdenken über Ihr Potenzial in der Vorbereitung auf eine Bewerbung den inneren Kritiker auf den Plan ruft.

Ihm fällt sicher etwas ein, denn verunsichernde Kommentare sind ein Leichtes für ihn:

„Hey, lass das mit dieser blöden Bewerbung. Der Job ist eine Nummer zu groß für dich. Außerdem stand in der Anzeige, dass du Englisch können musst. Das hat doch schon in der Schule nicht geklappt. Und jetzt kriegst du das erst recht nicht mehr hin. Du brauchst dich also gar nicht zu bemühen. Spätestens im Vorstellungsgespräch wird jeder merken, was für eine Lusche du bist. Dann machst du dich so was von lächerlich. Erspar dir lieber die Blamage."

## Dürfen statt Müssen

Möglicherweise geht Ihr persönlicher Miesmacher auch subtiler vor, indem er zum Beispiel dafür sorgt, dass Sie das Wort „müssen", das auch zu seinen Lieblingswörtern zählt, immer wieder in Ihre Sätze einstreuen: „Ich muss mich jetzt bewerben", „Ich muss einen perfekten Eindruck hinterlassen", „Ich muss meine Schwächen vertuschen", „Ich muss mir irgendwas total Überzeugendes einfallen lassen, warum die gerade mich nehmen sollten." „Müssen" macht Druck und lässt ein Gefühl von Zwang entstehen. Ja, und wer lässt sich schon gerne zwingen? Kein Wunder, dass Ihre Motivation in den Keller geht, Sie solche oder ähnliche Aufgaben nur mit halber Kraft angehen und sich womöglich bei den weiteren Schritten, zum Beispiel im Vorstellungsgespräch oder Assessment-Center, einem besonderen Personalauswahlverfahren, immer wieder selbst ein Bein stellen.

Damit Bewerbungen, Verhandlungen oder Vorstellungsrunden für Sie künftig nicht zu einer leidigen Muss-Aufgabe, sondern zu einer freudvollen Darf-Übung werden, empfehle ich, sich frühzeitig mit Ihren Erfolgen zu beschäftigen und sie für den Fall der Fälle präsent zu haben und mit einem guten Gefühl auch benennen zu können. Apropos gutes Gefühl, hierfür sorgt auch der nächste Icke-Knebel-Trick, mit dem Sie Ihre Erfolge wachrufen und die daraus resultierende positive Energie als Antriebsmittel für künftige Aufgaben nutzen können.

### Icke-Knebel-Trick Nr. 3: Ein Erfolgstagebuch führen

Sie benötigen etwas zu schreiben und Papier, besser noch ein Tagebuch, weil Sie es immer wieder zur Hand nehmen, es ergänzen und von Zeit zu Zeit auch darin lesen sollten. Lassen Sie Ihr Berufs- und Privatleben der letzten Wochen und Monate Revue passieren. Beantworten Sie hierzu folgende Fragen:

- Was ist mir gut gelungen?
- Was habe ich endlich in Angriff genommen?
- Wofür gab es Lob oder wofür habe ich mir selbst auf die Schulter geklopft?

Ein wichtiger Hinweis: Legen Sie die Messlatte nicht zu hoch. Die Fragen zielen nicht auf Millionenumsätze und wochenlange Standing Ovations der ganzen Firma ab. Sie dürfen auch die kleinen Alltagserfolge mit einbeziehen. Ergänzen Sie regelmäßig Ihre Notizen. Mit der Erinnerung an Ihre Erfolge aktivieren Sie noch mal die positiven Gefühle und steigern Ihr Selbstbewusstsein.

„Du tust ja gerade so, als gäb's nur dich auf der Welt.
Hör auf, dich so zu wichtig nehmen."

Je bewusster Ihnen ist, was Sie auf dem Kasten haben und je selbstverständlicher es für Sie wird, das auch zu benennen, desto weniger Chancen hat Icke Sie aus der Bahn zu werfen, wenn es zum Beispiel beim Job-Interview heißt: „Warum sollten wir uns gerade für Sie entscheiden?" Oder wenn Sie die Gelegenheit bekommen, sich vor einer Gruppe zu präsentieren, Ihre Arbeitsschwerpunkte in einem Meeting vorzustellen oder wenn Sie in einer Verhandlung überzeugen wollen. Oder aber wenn es angesagt ist, sich vor Angriffen zu schützen.

## Stärken stärken

Dass es wichtig ist, sich zu kennen und vor allem das eigene Potenzial zu erkennen, ist keine neue Feststellung. Gracián schrieb bereits im 17. Jahrhundert:

„Seine vorherrschende Fähigkeit kennen, sein hervorstehendes Talent; sodann dieses ausbilden und den übrigen nachhelfen! Jeder wäre in irgendwas ausgezeichnet worden, hätte er seinen Vorzug gekannt. ... Die meisten tun aber ihren Naturgaben Gewalt an und bringen es deshalb in Nichts zur Überlegenheit."[4]

In diesen Sätzen steckt das Prinzip der Konzentration auf die Stärken, das gemeinhin als „Stärken stärken“ bezeichnet wird und dessen Verfechterin ich bin.

Das heißt, es ist nicht nur wichtig, die eigenen Talente zu kennen, sondern es ist am erfolgversprechendsten, sich ganz und gar auf sie und ihren Ausbau zu konzentrieren. Man sollte weder Zeit, Geld noch Mühe verschleudern, indem man ewig versucht, etwaige Schwächen zu beseitigen. Natürlich kann man hier seine ganze Kraft reinstecken und versuchen ein wenig besser zu werden. Raus kommt dann im besten Falle Mittelmaß. Viel gewinnbringender – auch angesichts unserer begrenzten Lebenszeit – ist es, sich auf den Ausbau der Stärken zu konzentrieren. Wenn Sie Ihre Stärken zielgerichtet einsetzen, lassen wunderbare Ergebnisse nicht lange auf sich warten.

Für meine Arbeit als Expertin für Auftrittscoaching ist das Motiv der „Stärken stärken“ vorherrschend und daher habe ich eine Metapher gewählt, die dieses Prinzip veranschaulicht – es ist die des Diamantenveredelns: Wann immer ein Klient oder eine Klientin zu mir kommt, bin ich der festen Überzeugung, dass das Besondere, der wertvolle Kern, da ist. Das bringt jeder Mensch mit. Alle haben diese gewisse Note, eine Einzigartigkeit, ein Alleinstellungsmerkmal, das sie zu einem ganz besonderen, GROSSARTIGEN Individuum macht. Manchmal noch versteckt, wie bei der Diamanten-Rohware, die zunächst unscheinbar aussieht. Während es beim Reiben, Schleifen und Polieren eines Steins darum geht, die wahre Schönheit herauszuarbeiten, den Wert nach außen funkelnd sichtbar zu machen, ist das Ziel des Coachings, das besondere Profil des Redners oder der Rednerin zu entdecken und zum Strahlen zu bringen. Beim Reiben des Steins entsteht die so genannte Rundiste, die feine Linie, die das Ober- und Unterteil trennt. Dabei können natürliche Kristallflächen, die Naturals, stehen bleiben, die auch beim fertig geschliffenen Stein noch zu sehen sind und als Identitätsmerkmale gelten.[5] Auch hier haben wir eine schöne Parallele zum Coaching: Wichtig ist, die markanten Merkmale zu erhalten, um die Authentizität des

Menschen wertzuschätzen und auch für den überzeugenden, strahlenden Auftritt zu nutzen. Immer wieder arbeite ich mit Menschen, die beispielsweise eine Dialekteinfärbung in der Sprache haben. Manche sind unglücklich, weil irgendjemand ihnen eingeredet hat (Icke vielleicht?), dass sie diese unbedingt loswerden müssen, weil niemand sie sonst ernst nähme.

„So wie du sprichst, hörst du dich an, als kämst du vom Dorf. Spätestens, wenn du den Mund aufmachst, nimmt dich niemand mehr ernst."

Es ist oft nicht leicht für den Klienten oder die Klientin, diese Eigenheit anzunehmen, sogar zu mögen und dieses Identitätsmerkmal, das die Besonderheit der Person ausmacht, wie ein menschliches Natural zu sehen. Okay, okay, ich höre schon die Einwände: „Breites Bayerisch oder Sächsisch versteht doch keiner." Da stimme ich Ihnen zu. Auch Menschen jenseits des Einzugsgebiets sollten verstehen, was gesprochen wird. Interessant ist jedoch, dass bereits die kleinste Dialekteinfärbung genügt, um einen Minderwertigkeitskomplex auszulösen. Auf Icke & Co. ist Verlass. Doch wie langweilig, alles glatt zu schleifen, ein totales Einerlei herzustellen! Eigenarten, Unterschiede, individuelle Noten machen einen Menschen zu etwas Besonderem, einem unterscheidbaren Individuum. Das bringt Leben, Abwechslung, Prägnanz in die Bude. Wer will schon mit aalglatten Zeitgenossen zu tun haben? Folgende Geschichte zeigt, dass man das vermeintliche Defizit auch als Geschenk, ja sogar als Gewinn sehen kann – ab und an braucht es andere Menschen, die einem dafür die Augen öffnen:

**Der Sprung in der Schüssel**

Es war einmal eine alte chinesische Frau, die zwei große Schüsseln hatte. Sie hingen von den Enden einer Stange, die sie über ihren Schultern trug.

Eine der Schüsseln hatte einen Sprung, während die andere makellos war und stets eine volle Portion Wasser fasste.
Am Ende der langen Wanderung vom Fluss zum Haus der alten Frau war die andere Schüssel jedoch immer nur noch halb voll.
Zwei Jahre lang geschah dies täglich: die alte Frau brachte immer nur anderthalb Schüsseln Wasser mit nach Hause.
Die makellose Schüssel war natürlich sehr stolz auf ihre Leistung, aber die arme Schüssel mit dem Sprung schämte sich wegen ihres Makels und war betrübt, dass sie nur die Hälfte dessen verrichten konnte, wofür sie gemacht worden war. Nach zwei Jahren, die ihr wie ein endloses Versagen vorkamen, sprach die Schüssel zu der alten Frau: „Ich schäme mich so wegen meines Sprungs, aus dem den ganzen Weg zu deinem Haus immer Wasser läuft."
Die alte Frau lächelte. „Ist dir aufgefallen, dass auf deiner Seite des Weges Blumen blühen, aber auf der Seite der anderen Schüssel nicht? Ich habe auf deiner Seite des Pfades Blumensamen gesät, weil ich mir deines Sprungs bewusst war. Nun gießt du sie jeden Tag, wenn wir nach Hause laufen. Zwei Jahre lang konnte ich diese wunderschönen Blumen pflücken und den Tisch damit schmücken. Wenn du nicht genauso wärst, wie du bist, würde diese Schönheit nicht existieren und unser Haus beehren."

Bei der Diamantenbearbeitung sind die Schleifscheiben aus Metall und mit einer Paste aus so genanntem Diamantboart bestrichen. Da Diamanten das härteste Material überhaupt sind, kann es nur mit dem eigenen Pulver geschliffen werden. Übertragen auf meine Metapher heißt das, dass man nur dann zur Rednerpersönlichkeit werden kann, wenn man sich auf das eigene „Material" konzentriert, bei sich bleibt und das ewige Vergleichen mit anderen unterlässt, was sowieso lediglich Ickes Herz höher schlagen lässt und ansonsten das Selbstbewusstsein massiv untergräbt. Das meint auch der dänische Philosoph und Theologe Sören Kierkegaard, wenn er sagt:

> „Vergleichen ist das Ende des Glücks
> und der Anfang der Unzufriedenheit."

**Icke-Knebel-Trick Nr. 4: Vergleiche stoppen**

Wenn Sie merken, dass Icke den Vergleichsknüppel rausholt, um wieder zu betonen, dass andere alles besser können, sowieso besser aussehen, fitter sind oder einfach mehr Glück haben, fallen Sie ihm ins Wort mit einer Formel wie „Jeder Mensch ist einzigartig – ich auch". Im 2. Schritt erinnern Sie sich an Ihre Stärken, Talente, positiven Erfahrungen und Erfolge. Gut, wenn Sie diese vorher schon mal schriftlich fixiert haben.

Rechnen Sie nicht damit, dass sich Icke diesen Prozess der wachsenden Selbstwertschätzung stillschweigend aus der Entfernung anschaut und sich vornehm zurückhält. Er wird versuchen, so früh wie möglich zu intervenieren:

> „Deine Fehler lassen sich nicht schönreden,
> geschweige denn als Besonderheit verkaufen.
> Guck doch mal in den Spiegel, dann weißt du,
> wovon ich rede."

## Schädliche Gewohnheiten aufgeben

Sich anzunehmen und wertzuschätzen – Icke nennt das Selbstbetrug, ich nenne es Abschiednehmen von schädlichen Gewohnheiten. Die Frage ist: Wie bitteschön geht das, wenn der Sprücheklopfer uns immer und immer wieder in die alten Bahnen lenkt? Folgender Icke-Knebel-Trick kann weiterhelfen.

### Icke-Knebel-Trick Nr. 5: Widerworte geben

Wenn der Sprücheklopfer Ihnen Vorhaltungen macht, übertreibt, Sie als eine reine Ansammlung von Fehlern und Schwächen darstellt, dann hören Sie ihm nicht zu, sondern geben Sie Widerworte: „Wenn ich einen Fehler mache, bin ich kein Versager. Alle Menschen machen Fehler. Ich auch. Ich bin trotzdem wertvoll."

Oder wenn er Katastrophen heraufbeschwört, fallen Sie ihm frühzeitig ins Wort: „Das ist nichts als Spekulation. Lass das."

Sie haben die Wahl: Sie können Icke einen Gefallen tun und unablässig auf Ihre vermeintlichen Defizite gucken. Oder Sie können sich auf Ihre Stärken konzentrieren und diese weiter ausbauen bzw. auch andere ermutigen, ihr Potenzial auszuschöpfen und sich noch weiter zu steigern. Zugegeben, ein Umdenken ist notwendig, ein Ablegen von alten, schon in der Schule intensiv trainierten Gewohnheiten.

Ein Bekannter von mir berichtete von einem viele Jahre zurückliegenden Gespräch mit seinem Deutschlehrer, das dieser ein paar Tage nach der schriftlichen Abiturprüfung im Fach Deutsch mit ihm führte. Eigentlich war es kein Gespräch, sondern nur eine kurze Bemerkung des Lehrers. Die allerdings hatte es in sich. „Junge, was war los mit dir an dem Tag? Das war wohl nicht deiner?", sprach's und verschwand. Mein Bekannter war nach dieser Bemerkung total fertig und sich sicher: „Die Arbeit habe ich in den Sand gesetzt." Beim Schreiben hatte er gar kein so schlechtes Gefühl. Aber nach diesen Worten änderte sich das schlagartig. Bis sich nach einigen Tagen herausstellte: Er hatte *nur* die Note 2. Sie denken jetzt wahrscheinlich dasselbe wie ich, als ich die Geschichte zum ersten Mal hörte: Was heißt hier *nur* eine 2? Ja, das ist das Zitat des Lehrers, denn er hatte von seinem Schüler eine 1 erwartet, das war er so von ihm gewohnt. Eine 2 hätte der Lehrer allerdings auch anders ausdrücken und als erste Rückmeldung etwa so formulieren können: „Junge, du hast eine gute Arbeit abgeliefert." Das hätte meinem Bekannten damals eine Panikattacke und mehrere schlaflose Nächte erspart und wäre die Wahrheit gewesen. „Nur eine 2" heißt: Das war nicht erwartungsgemäß, nicht gut genug. Du hast versagt.

In der Schule werden wir ausgebildet zu Trüffelschweinen, zuständig fürs Aufspüren von Problemen. Wir sind Expertinnen und Experten auf dem Gebiet unserer Schwächen. Da kennen wir uns hinterher blendend aus.

Manche Schulerlebnisse, die dieses Defizittrauma enthalten, sind so belastend, dass Menschen bis ins Erwachsenenalter damit zu tun haben.

Ich erinnere mich an eine Klientin von Anfang 50, die sich ihr Leben lang mit Ängsten vor Prüfungen quälte. Nun stand eine an – sie wollte die Stelle wechseln und sich um eine neue Arbeit bewerben. Eigentlich hatte sie schon lange die Nase voll von ihrem Job, arbeitete jahrelang unter ihren Möglichkeiten. Eine einzige Sache hielt sie davon ab, sich wegzubewerben: das Vorstellungsgespräch, das in ihren Augen einer schwierigen Prüfung gleichkam. Dieses für sie negativ verankerte Gefühl wollte sie sich ersparen und hielt so lange in ihrer alten Firma aus, bis es nicht mehr ging.

Was war damals passiert und hat sie für ihr weiteres Leben so geprägt und behindert? Es war ein Vorfall, der sich ereignet hatte, als sie elf Jahre alt war. Sie wurde vom Lehrer aufgerufen an der Tafel etwas anzuschreiben. Sie ging zögerlich nach vorne, schon überlegend, wie sie die Aufgabe wohl lösen könnte. Das ging dem Lehrer offensichtlich nicht schnell genug. Noch ehe sie zur Kreide greifen konnte, sagte er: „Setz dich hin. Hier vorne schaffst du das sowieso nicht."

Vorne schaffst du das sowieso nicht – vor anderen das eigene Können zeigen, das ist nicht dein Ding. Unter den kritischen Augen von Zuschauern, da scheiterst du. So oder so ähnlich weiterinterpretiert, hat sich dieses Erlebnis in ihr Hirn gebrannt. Und immer dann, wenn ihr im Leben eine Situation drohte, die der an der Tafel auch nur in Ansätzen ähnlich war – in der es also drauf ankam, sich vor anderen zu präsentieren, zu zeigen, was sie drauf hat, und dabei beobachtenden Blicken ausgesetzt zu sein –, spielte das Panikorchester im Kopf und ließ keinen vernünftigen Gedanken mehr zu. Totale Blockade. Um sich vor diesen negativen Erlebnissen zu schützen, vermied sie viele Jahre lang alles, was diese unguten Gefühle wecken könnte ... und verbaute sich damit den beruflichen Erfolg, vor allem einen Job zu finden, der ihr Entfaltungsmöglichkeiten bot. Im Coaching konnte sie sich endlich nach langen Jahren von diesem Trauma befreien.

## Unter Selbstbeobachtung

Gott sei dank sind nicht bei allen Menschen die negativen Schulerlebnisse so prägend. Aber machen Sie doch mal den Versuch und fragen Sie in einer Runde nach Äußerungen aus der Schulzeit, die für die eigene Entwicklung und das Selbstwertgefühl nicht förderlich waren. Sie werden eine Menge zu hören bekommen – garantiert! Die gute Nachricht lautet hier: Alles, was wir einmal gelernt haben, können wir auch wieder verlernen.

Ein wichtiger Schritt dafür ist, den Eigendialog, also die Gespräche, die Sie mit sich selbst führen, zu überwachen.

### Icke-Knebel-Trick Nr. 6: Den Eigendialog unter die Lupe nehmen

Es lohnt sich, die Selbstgespräche genau zu betrachten. Denn hier entspringt die Quelle der Demotivation. Diese Gespräche laufen nämlich unter Ickes Regie und sind gespickt mit Worten der Verurteilung, Abwertung und Miesmacherei. Diese negative Form des Eigendialogs behindert Veränderung und Entwicklung. Sie sollten hierbei insbesondere auf die negativen Glaubenssätze achten. Das sind die Aussagen, die wie unumstößliche Wahrheiten daherkommen und in ihrer ablehnenden Ausprägung extrem hinderlich sind. Beobachten Sie, welche Überzeugungen Ihr innerer Kritiker hartnäckig aufrechterhält, um nur ja keine gute Stimmung aufkommen zu

lassen, geschweige denn Ihnen Sicherheit zu vermitteln und Fortschritt zu ermöglichen. Einige typische Beispiele:
*„Dafür bist du nicht der Typ.“ „Dafür bist du zu blöd.“ „Dafür bist du zu alt.“ „Dafür bist du zu jung.“ „Du bist zu schwach.“ „Du hast zu wenig Erfahrung.“ „Du hast die falschen Gene.“ „Du bist nicht intelligent genug.“ „Du hast zu wenig Ausdauer.“ „Das ist ’ne Nummer zu groß für dich.“*
Vielleicht sind es bei Ihnen auch ganz andere Sätze. Forschen Sie nach, mit welchen Aussagen Sie sich selbst ein Bein stellen. Welche tauchen immer wieder auf und sind als Muster erkennbar? Ein Tipp hierzu: Denken Sie an eine Situation, in der Ihnen ein Kompliment gemacht oder ein Lob ausgesprochen wurde. Regte sich sofort Widerstand in Ihnen? Spürten Sie den Impuls, das Lob kleinzureden oder gar zu dementieren? An welcher Stelle? Wieso? Dieses Unbehagen kommt daher, weil es in absolutem Widerspruch zu der Überzeugung steht, die Icke Ihnen jahrelang eingetrichtert hat und der Sie schon allzu lange geglaubt haben. Frage: Was wäre eigentlich, wenn Sie dem Lob oder Kompliment zustimmen?

## Blockierende Überzeugungen

Ihr innerer Kritiker hat bestimmte Lieblingssätze, wie der vorherige Knebel-Trick zeigen sollte. Das Gefährliche daran: Sie sind Ihnen so in Fleisch und Blut übergegangen, dass sie sich zu felsenfesten, scheinbar unverrückbaren Überzeugungen entwickelt haben, die von Ihnen gar nicht mehr infrage gestellt werden. Gefährlich sind sie auch deshalb, weil diese Form der Selbstsabotage im Unterbewusstsein abläuft. Häufig steckt ein resignatives Element in diesen Glaubenssätzen, was Icke besonders begeistert. Er gerät geradezu in Verzückung ob der starken und dauerhaften Wirkung solcher Äußerungen:

„Das kannst du Idiot sowieso nicht.“
„Das war schon immer so.“
„Du bist für so was nicht gemacht ...“

Meister Miesmacher bedient sich besonders gern bei Totschlagargumenten, auch Killerphrasen genannt, die keinen Widerspruch dulden. Solche Sätze sollen abtöten, Stillstand bewirken. Punkt, aus, fertig. Ein Satz wie ein Stempel, der markiert, definiert und verurteilt.

Erinnern Sie sich an das Beispiel von Anna-Maria? Ihr Totschlagargument lautete: „Vor anderen sprechen – das kann ich nicht." Tja, das ist natürlich eine Möglichkeit, den Kopf in den Sand zu stecken und sich damit abzufinden. Ende, Feierabend. Nur ärgerlich, wenn man wie Anna-Maria persönliche Weiterentwicklung anstrebt, nicht ewig ein und denselben Job haben und am liebsten im Eventmanagement Karriere machen will. Diese Überzeugung behindert und verhindert, dass sie sich um ihre Traumstelle bewirbt, weil dies erfordern würde, aufzutreten, zu präsentieren und vor anderen zu sprechen.

Traurig, wenn einem eine bestimmte Überzeugung im Weg steht und man sich spätestens am Ende des Lebens fragt: Was hätte ich alles erreichen können, wenn ich es damals gewagt hätte? Wenn ich mir selbst eine Entwicklung erlaubt hätte, statt mich abzufinden mit dem scheinbar so Unüberwindbaren? Wenn ich mir die Chance eingeräumt hätte, meine Überzeugung infrage zu stellen – möglicherweise mit den Sätzen „Ich kann es besser als ich bislang angenommen habe", „Ich kann es lernen" oder „Es ist leichter als ich bisher dachte".

Einschränkende Glaubenssätze sind auch deshalb gefährlich, weil sie einen Teufelskreis in Gang setzen. Da Menschen nach Bestätigung der eigenen Meinung suchen, werden sie, unter Ickes Regie versteht sich, alles tun, um den Wahrheitsgehalt ihrer verinnerlichten Überzeugungen nachzuweisen.
Henry Ford brachte dies auf die Formel:

> „Egal, ob du denkst, du kannst es, oder ob du denkst, du kannst es nicht: Du wirst in jedem Fall recht behalten."

Was heißt das für Anna-Maria? Sie sagt, dass sie nicht vor anderen sprechen könne, und schon läuft das Bestätigungsprogramm an. Akribisch sucht sie nach Belegen, dass sie es tatsächlich nicht kann. Jeder noch so kleine Hinweis wird als schlagender Beweis ins Feld geführt. Jedes nicht so optimal laufende Bewerbungsgespräch, jede Präsentation, bei der nur ein Anflug von Kritik kommt, nimmt sie selektiv als Versagen wahr. Und verstärkt durch den Tunnelblick und das Beschimpfungsprogramm à la Icke bleibt nur das Negative haften, egal wie viel Positives darüber hinaus auch genannt wurde. Bei ihr könnte das dann so klingen: „Das ging ja mal wieder total in die Hose. Immer blamiere ich mich bei solchen Angelegenheiten bis aufs Hemd. Alle anderen machen so was ganz locker. Ich jedoch ... Aber das ist ja nichts Neues. Wie konnte ich nur so doof sein und glauben, dass ich das packe. Nie wieder setze ich mich einer solchen Situation aus.“ Je tiefer die Überzeugung sitzt, desto destruktiver ihre Wirkung.

Aus diesem Grund kann Anna-Maria auch wenig mit Lob und positivem Feedback anfangen. Eher denkt sie: „Ach, die meinen das doch gar nicht ernst“, als dass sie bereit wäre, sich von diesem alten, schädlichen Glaubenssatz zu verabschieden. Eine so lang gehegte Überzeugung ist auch nicht mal eben so nebenbei abzulegen wie ’ne alte Socke. Icke sorgt schon dafür.

Sollten Sie genug haben von diesem Sich-im-Kreis-drehen und erkennen, dass die eine oder andere Überzeugung, die Sie womöglich schon ein Leben lang mit sich rumschleppen, alles andere als hilfreich ist, können Sie mit folgendem Icke-Knebel-Trick die Chance nutzen, diese loszuwerden. Schließlich sind Sie damit nicht auf die Welt gekommen. Es ist nichts Angeborenes, sondern Erlerntes und eine längst zum Sondermüll gewordene Last, die schleunigst entsorgt gehört.

## Icke-Knebel-Trick Nr. 7: Überzeugungen entmachten

Die nutzlosen, überflüssigen Überzeugungen können Sie entmachten. Greifen Sie sich jeden einzelnen Ihrer Sätze (siehe Icke-Knebel-Trick Nr. 6, S. 39) heraus und unterziehen Sie ihn einer Prüfung mit folgenden Fragen:

- Ist das wirklich so?
- Welchen Gegenbeweis gibt es? Bei welcher Gelegenheit habe ich bewiesen, dass es auch ganz anders sein kann?
- Was stimmt nicht an Ickes Schlussfolgerungen?

Wenn Sie die lästigen Glaubenssätze loswerden, können Sie sich neu entdecken. Sie werden die Sicht frei haben auf Ihre Stärken, Talente und Leidenschaften, die Sie vorher durch die Vernebelungstaktik Ihres inneren Kritikers gar nicht erkennen konnten.

Stärken zu fokussieren ist nichts, was jeder Mensch nur auf sich selbst begrenzen sollte. Es macht auch das Leben mit anderen leichter und freudvoller, wenn es gelingt, im Gegenüber vor allem das Potenzial und weniger das vermeintliche Defizit zu sehen. Für viele Menschen ist dies allerdings eine ungewohnte Perspektive.

Mir fällt das Gespräch mit einer Teilnehmerin aus einer meiner Seminargruppen ein. Obwohl sich alle eingangs auf bestimmte Feedbackregeln (u. a. das Positive zuerst zu nennen) geeinigt hatten, fiel ihnen grundsätzlich das aus ihrer Sicht Negative und Schlechte auf. Gutes wurde, wenn überhaupt, meist nur kurz und knapp erwähnt nach dem Motto „Ja, war relativ okay“ oder „Gar nicht sooo schlecht ...“ um dann sofort zur zweiten Seite der Medaille zu kommen. Als ich diese Tendenz ansprach, erklärte eine Teilnehmerin ehrlich: „Ich glaube, ich mach das so, weil es mir dann besser geht, wenn ich sehe, wie viel andere falsch machen.“

Andere abzuwerten ist ein Versuch, sich selbst größer oder besser zu fühlen. Es liegt auf der Hand, dass dies nicht zu einem guten, konstruktiven oder gar ermutigenden Miteinander führt.

Ganz anders läuft es, wenn jeder einerseits mit sich selbst wohlwollend umgeht, die eigene Größe wahrnimmt und wertschätzt. So lässt sich andererseits die Stärke der anderen gut aushalten und als angenehm, bereichernd und lobenswert betrachten.

Abgesehen von der emotionalen Wohltat für alle Beteiligten bietet diese Herangehensweise einen weiteren Vorteil: Man findet einen Draht zu seinem Gegenüber.

Wie Sie mit jemandem in Kontakt kommen, hat sehr viel damit zu tun, was Sie über diesen Menschen denken. Stellen Sie sich vor, Sie erwarten einen unbekannten Gast oder Kunden. Es klopft an die Tür. Er ist schon zu riechen, obwohl er den Raum noch gar nicht betreten hat. Denn er dünstet aus allen Poren aus. Dann kommt er herein. Für Sie ist sofort klar: Das Haar hat Wasser und Shampoo schon länger nicht mehr gesehen, die Speisereste der letzten Tage kleben auf der speckigen Weste. Dann reißt er den Mund auf – eine große dunkle Höhle. Aber, oh Wunder, ganz hinten rechts, wenn Sie genau hinsehen, ja, genau da hinten leuchtet ein strahlend weißer, gesunder Zahn. Die Herausforderung für Sie liegt nun darin im Interesse des guten Drahts zum anderen, auszublenden, was Sie an ihm alles nicht mögen. Sonst senden Sie unweigerlich entsprechende Signale, die dem Gespräch nicht gut tun. Ihre Aufgabe ist es, zu denken: „Wow, was für einen wunderbar gesunden, weißen Zahn dieser Mann doch hat.“[6]

Apropos guter Draht – mehr dazu im nächsten Kapitel und warum Icke es gar nicht gerne hat, wenn Sie mit anderen in Einklang sind.

## 4. Sorgen Sie für einen guten Draht ... und lassen Sie dabei Icke links liegen

Im Seminar waren alle sehr neugierig – ein bekannter Referent zum Thema Umweltpolitik hatte sich angekündigt. Ich als Leiterin dachte: „Prima, dann kann ich den Vortrag wunderbar in den laufenden Presse- und Öffentlichkeitsarbeits-Workshop einbinden. Ich werde die Teilnehmerinnen und Teilnehmer bitten, aus ihren Aufzeichnungen am nächsten Tag eine Pressemitteilung zu verfassen." Für 20 Uhr war der Referent angekündigt. Ich wartete vor Beginn schon im Seminarraum, stellte die Stühle zurecht, als plötzlich die Tür aufgerissen wurde und er reingestürmt kam. Ohne ein Wort des Grußes lief er in Richtung Stuhlkreis, zog die Jacke aus und ließ sich auf einen Stuhl plumpsen. Ich dachte: „Nanu, das ist aber nicht die freundlichste Art, Hallo zu sagen. So klein und zierlich bin ich schließlich nicht, dass man mich übersieht." Ich ging zu ihm, begrüßte ihn. Ein kurzer Blickkontakt, „'n Abend." Das war's. Die Teilnehmerinnen und Teilnehmer kamen langsam dazu. Sie grüßten freundlich – doch auch hier nur eine sparsame Erwiderung seinerseits. Er rutschte noch tiefer in den Stuhl. Ein Bein lässig über das andere gewinkelt, den Blick stur auf den Boden gerichtet, legte er plötzlich los. Er musste geahnt haben, dass alle da sind, denn hoch geschaut hatte er kaum. Die Teilnehmerinnen und Teilnehmer saßen im Kreis, ausgestattet mit Block und Stift und lauschten seinen Worten. Der Gast begann in eintöniger Stimmlage zu erzählen. Den monotonen Vortrag spickte er mit Fachbegriffen und Fremdwörtern. Auf Veranschaulichung an einem Flipchart oder auf Folien verzichtete er. Ein Teilnehmer wollte etwas nachfragen und meldete sich artig. Doch der Redner nahm davon keine Notiz. Wie denn auch, wenn man die ganze Zeit zu Boden starrt und die Runde keines Blickes würdigt? Also schnipste der Teilnehmer mit den Fingern, einmal, nochmal, immer lauter werdend, bis endlich der Redner kurz innehielt, aufschaute und missmutig fragte: „Ja?" Der Teilnehmer stellte seine Frage. Doch anstatt zu antworten, erhob der Redner seine Hand, machte eine wegwerfende Geste und sagte: „Nee, nee, später ..." Offensichtlich war er nicht gewillt, sich unterbrechen zu lassen. Und schon gar nicht Fragen zwischendurch zu beantworten. Da er sofort wieder den Blick senkte, um mit seinem Monolog fortzufahren, bekam er das empörte Kopfschütteln des Fragenden und einiger anderer nicht mit. Auch nicht, dass ein großer Teil des Publikums die Blöcke längst zur Seite gelegt und aufs Mitschreiben verzichtet hatte. Er sah ebenfalls nicht das genervte Augenrollen und die sehnsuchtsvollen Blicke auf die Uhr, deren Zeiger sich scheinbar gar nicht mehr bewegten. Plötzlich stand der erste Teilnehmer auf, kam zu mir und flüsterte: „Ich muss hier raus, ich krieg' Kopfschmerzen." Allmählich folgten ihm weitere. Nach gefühlten zehn, aber tatsächlichen eineinhalb Stunden war der Vortrag endlich vorbei. Und, oh Wunder, keiner hatte mehr eine Frage. Eine Teilnehmerin überreichte dem Referenten als Geschenk eine Flasche Wein. Er sah sich die Flasche an und sagte: „Danke, ABER (!) ich trinke keinen Wein." Nahm die Flasche trotzdem mit und verschwand.

Ich weiß nicht, ob Sie eine Vorstellung davon haben, wie die Stimmung danach im Raum war. Ein Teilnehmer brachte es auf den Punkt: „Wenn man zu so was keine Lust hat, soll man mit dem Arsch zu Hause bleiben." Ähnliches ging mir auch durch den Kopf, und dazu konnte ich mein Seminarkonzept für den nächsten Tag über den Haufen werfen. Da viele schon zu Beginn des Vortrags gedanklich ausgestiegen waren und dementsprechend auch nichts mitschreiben konnten, gab es natürlich kein Material, aus dem sie eine Pressemitteilung hätten verfassen können.

Kurz gesagt: Der Auftritt war ein Reinfall. Im Nu hatte der Gast sich alle Sympathien verscherzt. Was war da los? Warum präsentierte er sich so unnahbar, unfreundlich und unternahm keinen Versuch, mit den Zuhörenden in Kontakt zu kommen? Wieso war es ihm scheinbar kein Anliegen, seine fundierten Kenntnisse, sein ungeheures Fachwissen auch Laien näherzubringen? Und weshalb interessierte er sich offenbar nicht dafür, ob seine Inhalte beim Publikum ankamen? Man könnte vermuten, dass er einfach keine Lust hatte, müde, erschöpft war – vielleicht hatte er eine anstrengende Woche hinter sich. Doch einige Teilnehmerinnen und Teilnehmer zerstreuten diese mögliche Erklärung sofort: „Nee, der ist immer so", meinten sie. Sie hätten ihn schon bei anderen Auftritten erlebt. Meine Vermutung: Der Redner war nicht allein gekommen, sondern mit einem ganz mächtigen Begleiter, seinem inneren Kritiker, der ihm einflüsterte:

„Mach hier bloß einen auf dicke Hose, schaff Abstand, damit dir keiner zu nah kommt. Lass dir nicht irgendwelche Fragen stellen. Die wollen dich in die Falle locken und fertig machen."

## Vorsicht, Feind!

Icke befeuert die Angst, nicht gut bzw. nicht gut genug zu sein und beschwört die Gefahr herauf, dass alle anderen das über kurz oder lang merken werden.

Liebend gern verstärkt er Bedenken, Ängste und Vorbehalte und bringt Menschen dazu, andere als grundsätzlich feindlich zu betrachten. Als Beleg dafür, dass die Welt schlecht und gemein ist, reichen Icke einmalige, ewig lang zurückliegende Erlebnisse, die verletzend waren. Aus so einem Einmal-Vorfall leitet er das für immer gültige Gesetz ab:

„Denk dran, das Publikum will dich leiden sehen."

Diese „Gesetzmäßigkeit" macht es für viele Menschen, vielleicht auch für diesen Referenten, unmöglich, sich auf einen solchen Auftritt zu freuen, offen auf das Publikum zuzugehen, aufgeschlossen nach den Erwartungen der Runde zu fragen. Wer sich selbst als überwiegend defizitär sieht, wird versuchen und jede Menge

Energie darauf verwenden, die ach so ausgeprägten Fehler zu überdecken, anstatt sich auf sein Potenzial zu besinnen und daraus Vertrauen und Zuversicht zu ziehen.

Das große Wissen, die jahrelange Erfahrung, der Expertenstatus auf dem Gebiet – all das hätte für den Redner Anlass zu einem offenen, selbstbewussten Umgang mit den Zuhörenden sein können. Das wären gute Gründe gewesen, an die eigene Schokoladenseite zu glauben und diese auch zu zeigen. Aber das Publikum hat sie nicht zu sehen bekommen. Des Redners Saboteur wusste, das geschickt zu verhindern.

Der innere Kritiker ist spezialisiert darauf, uns gerade in Gegenwart Unbekannter dazu zu bringen, zwischen uns und dem vermeintlich hinterhältigen Gegenüber eine Mauer hochzuziehen, die uns – so Ickes Begründung – vor heimtückischen Angriffen schützen soll. Tatsächlich hat dies aber nichts anderes zur Folge, als dass man nur schwer oder gar nicht miteinander in Kontakt kommt. Und damit werden wichtige Sympathiepunkte verschenkt.

Icke ist es lieb, wenn wir die Mauer so hoch wie möglich ziehen. Und zwar nicht, um uns zu schützen, wie er vorgibt. Zum einen befürchtet er nämlich insgeheim, dass wir erkennen könnten, dass die anderen uns gar nicht so feindlich gesonnen sind, wie er es uns weismachen will, sondern viel interessierter, offener und zugewandter. Zumindest ein großer Teil. Die Folge: Icke könnte andere Menschen nicht mehr als Drohpotenzial benutzen. Das würde seiner Strategie total zuwiderlaufen und den Feind-Ansatz zunichte machen, der da lautet:

„Die Menschen sind schlecht,
und alle wollen dich bluten sehen."

Zum anderen hat Icke Angst, seinen Einfluss auf Sie grundsätzlich zu verlieren, wenn Sie sich zu sehr öffnen; wenn Sie Spaß haben am Austausch mit anderen Menschen, Sie offen sind für Fragen, Ihnen daran gelegen ist, die Perspektive Ihres Gegenübers zu verstehen, sodass Sie in Folge womöglich positive Rückmeldungen erhalten, die Ihnen gut tun, die Sie ermutigen und stärken. Fehlt noch, dass Sie über sich hinaus wachsen, sich am Ende GROSSARTIG fühlen. Nicht auszudenken. Wie soll Icke Sie da noch verunsichern können? Nein, nein, allein der Gedanke daran verursacht beim fiesen Miesmacher schon graue Haare.

## Sich selbst erfüllende Prophezeiungen

Wenn das Publikum dank Ickes Regieanweisungen als ein feindliches, sich am besten vom Halse zu haltendes angesehen wird, muss man sich nicht wundern, dass sich diese Sicht wie eine sich selbst erfüllende Prophezeiung bewahrheitet. Das heißt, das Publikum wird genauso wie erwartet reagieren, weil sich der Redner unbewusst so verhält, dass er kritische Reaktionen in Form von unfreundlichen Blicken, skeptischen Einwänden, abweisenden Körperhaltungen, fehlender Aufmerksamkeit etc. provoziert. Diese Reaktionen entgehen dem Redner natürlich nicht – und bestätigen ihn in seiner Haltung. Getreu der Devise: Wusste ich doch, die sind hinterhältig und böse … Mit anderen Worten: Ickes Teufelskreis arbeitet zuverlässig.

## Der Teufelskreis der Überzeugungen

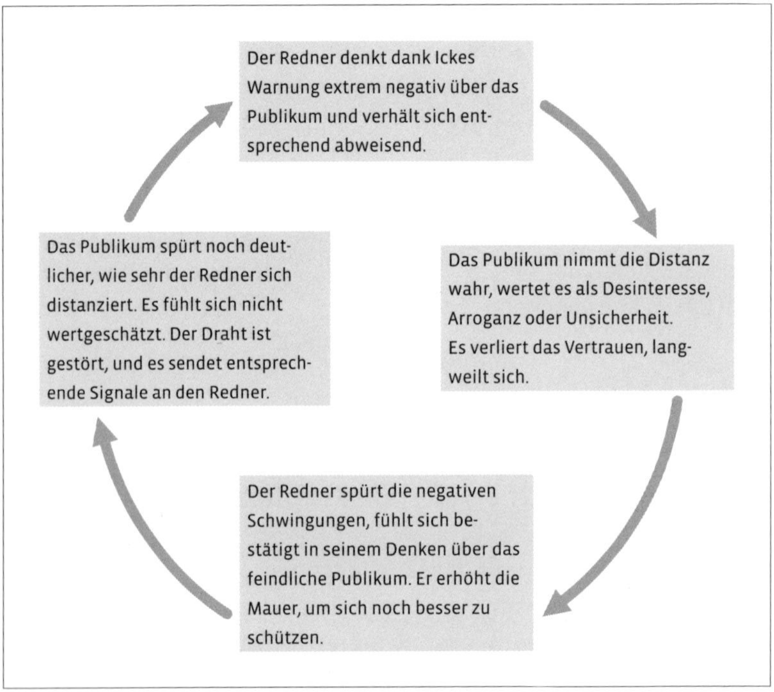


Die eigenen Erwartungen beeinflussen das Verhalten. Das kann schon fatal sein. Noch gravierender ist aus meiner Sicht folgender Aspekt: Hat man sich erst mal ein Urteil über jemanden oder eine Gruppe gebildet, wie hier über das Publikum, dann nimmt man auch nur noch die Merkmale und Verhaltensweisen wahr, die ins eigene Bild passen. Selbst wenn es eine positive Reaktion geben sollte, zum Beispiel eine interessierte Nachfrage, bewertet sie der Redner sofort negativ, womöglich als hinterlistigen Versuch, sich durch gespielte Freundlichkeit einzuschleimen ...

Damit Sie sich in solch einem Teufelskreis nicht verfangen, bringen Sie Icke am besten möglichst schnell zum Schweigen:

### Icke-Knebel-Trick Nr. 8: Der Gedanken-Check

Bevor Sie mit jemandem ins Gespräch kommen, der Ihnen schwierig erscheint, oder Sie einen größeren Auftritt haben, machen Sie einen kurzen Gedanken-Check und fragen Sie sich: „Was denke ich über diese Person oder über dieses Publikum? Sind es abwertende, negative Aspekte?“ Dann sammeln Sie fünf positive Punkte, die für Ihr Gegenüber sprechen. Auch wenn's schwerfällt, lohnt sich dieser Perspektivwechsel. Die Gedanken, die Sie haben, wirken sich auf Ihr Verhalten, Ihre Kommunikation, auf Mimik, Gestik und Körperhaltung aus. Ihr nonverbaler Ausdruck spricht Bände, was Ihr Gegenüber bewusst oder unbewusst wahrnimmt. Wenn Ihnen an einem guten Miteinander gelegen ist, sorgen Sie durch diesen Gedanken-Check für die entsprechende Ausstrahlung (mehr dazu auf S. 87 ff.).

## Erfolgsfaktor Sympathie

Wer bei anderen punkten will, egal ob bei einer Rede, in einer Konferenz, im Zwiegespräch oder im Jobinterview, denkt häufig vor allem daran, welches das beste Argument ist, in welcher Reihenfolge die Sätze zu platzieren sind, mit welchen Worten das Gesagte einzuleiten ist etc. Worte sind wichtig, schon klar. Eins wird dabei jedoch vergessen: Zunächst gilt es, dafür zu sorgen, bei anderen die Lust und Bereitschaft zu wecken, überhaupt den Erkenntnissen lauschen zu *wollen*.

Preisfrage: Wie wäre es gewesen, wenn der Referent mit einer herzlichen Begrüßung und freundlichem Blickkontakt gestartet wäre? Was hätte sich geändert, wenn er sich anfangs erkundigt hätte, womit sich die Runde an den vergangenen Seminartagen beschäftigt hat oder er noch besser vorab mich als Seminarleiterin gefragt hätte, um dann in seiner Einleitung darauf Bezug zu nehmen? An den Wänden hingen einige Arbeitsergebnisse. Die wären Anlass genug gewesen, mal nachzuhaken. Wie hätte es auf die Teilnehmerinnen und Teilnehmer gewirkt, wenn er sich die Mühe gemacht hätte, herauszufinden, was genau die Zuhörerschaft interessiert? Er hätte ein wichtiges Signal gesendet, mit dem ihm die ersten Sympathiepunkte ganz von allein in den Schoß gefallen wären, nämlich: Ihr seid (mir) wichtig.

Und damit sind wir bei einem großen Bedürfnis der Menschen, nicht nur von Zuhörerinnen und Zuhörern: dem Bedürfnis nach Anerkennung und Wahrgenommen werden. Dem können Sie nachkommen, indem Sie Fragen stellen und genau und konzentriert hinhören und somit Ihrem Gegenüber den Eindruck vermitteln: Ich interessiere mich für dich, ich nehme dich und dein Anliegen ernst, du bist wichtig. Jede Wette, dass dies positive Gefühle auslöst, die für den guten Draht grundlegend sind. Oder mit den Worten des französischen Schriftstellers Alfred de Musset gesagt:

> „Sympathische Menschen sind Leute, die von uns eine hohe Meinung haben."

Wann immer es Ihnen darum geht, andere Menschen von sich zu überzeugen, sollten Sie zuallererst anstreben, mehr über sie zu erfahren, sich für sie zu interessieren, ihre Perspektive einzunehmen. Auch in Situationen wie einem Vorstellungsgespräch erhöhen Sie Ihre Chancen erheblich, wenn Sie Ihren Gesprächspartnern und -partnerinnen auf diese Weise ein gutes Gefühl vermitteln. „Wie? Im Vorstellungsgespräch?", entgegnen Sie vielleicht verwundert, „Da geht es ja wohl um rationale, gute Argumente, darum, die eigenen Kompetenzen ins rechte Licht zu rücken." Ja, auch das ist wichtig, wie ich in Kapitel 3 *Erkennen Sie Ihr Potenzial* beschrieben habe. Doch wenn Sie Ihre ganze Energie darauf verwenden, jemanden mit Informationen darüber zuzuballern, was Sie alles können, erreicht und bewältigt haben, ist Ihrem Ziel nicht gedient. „Wieso?", höre ich Sie schon sagen, „Gerade habe ich doch gelernt, ich muss meine Fähigkeiten kennen und auch benennen können. Insbesondere bei der Bewerbung." Ja, ist auch alles richtig. Es ist lediglich eine Frage des Timings. Zunächst gilt es, den Weg zu ebnen für Ihre Worte, die belegen, dass Sie genau der richtige Kandidat oder die richtige Kandidatin für die ausgeschriebene Stelle sind. Da Sympathie in Vorstellungsgesprächen der Weichensteller schlechthin ist, sollte Ihr vorrangiges Ziel sein, Sympathiefaktoren zu aktivieren.

Ein Bekannter von mir bewarb sich vor einiger Zeit um einen hohen Posten bei einer amerikanischen IT-Firma. Als ich ihn fragte, wie er sich auf die sage und schreibe elf Vorstellungsgespräche vorbereitete, sagte er grinsend: „Die Recherchen laufen." Er war weniger damit beschäftigt, über sich und seine Qualitäten nachzudenken, das hatte er längst in Petto und sein Alleinstellungsmerkmal konnte er noch im Halbschlaf abspulen. Für die Gespräche machte er sich vor allem eins klar: dass es darum geht, mit dem jeweiligen Gegenüber in gute Schwingung zu kommen, Sympathie zu aktivieren. Doch wie gelang ihm das?

Mein Bekannter sammelte jede noch so kleine Information über sämtliche Gesprächspartner und -partnerinnen, um sich ganz und gar auf alle individuell einzustellen. Wie tickt der? Was sind ihre Lieblingsthemen? Welche Hobbys hat er? Wo liegen ihre Arbeitsschwerpunkte? Etc.

„Na, aber du willst dich doch wohl nicht so einschleimen. Selbst wenn dir das gelingen sollte, werden die über kurz oder lang merken, was für 'ne Flasche sie sich da an Land gezogen haben."

Und? Meldet sich Ihr innerer Kritiker bei dem Gedanken, selbst jemals so vorzugehen auch schon? Versucht er, diese Strategie klein zu reden? Wäre nicht verwunderlich, dass dem Saboteur ein solches Vorgehen nicht behagt. Er spürt, dass Sie Ihre Chancen damit deutlich erhöhen und sich seinem Einzugsbereich weiter entziehen könnten.

Mein Bekannter jedenfalls konnte die Störversuche seines inneren Kritikers abwenden und im nächsten Vorbereitungsschritt für sich klären: Wo gibt es bei meinem Gegenüber und mir Schnittstellen, Ähnlichkeiten, Übereinstimmungen? Diese Parallelen hat er in die Gespräche an den passenden Stellen einfließen lassen – wohl wissend, dass Gemeinsamkeiten Sympathien erzeugen.

Sie können es sich denken, die Vorstellungsgespräche sind wunderbar gelaufen, auch weil sich jeweils beide Seiten dabei pudelwohl gefühlt haben. Ihm ist es gelungen, den Draht herzustellen und es seinem Gegenüber leicht zu machen, sich für ihn zu entscheiden.

## Die Du-Perspektive

Dem Gegenüber eine Brücke bauen, um den Weg für die prägnanten und überzeugenden Inhalte zu bereiten – diese Reihenfolge gilt ebenfalls für schriftliche Bewerbungen. Viele Bewerberinnen und Bewerber denken beim Verfassen nur über eine Frage nach: „Warum bin ich der oder die Richtige?“ Stimmt, das sollten Sie wissen. Auf die Frage muss man vorbereitet sein. Vorab gilt es jedoch zu überlegen, wie Sie die Bereitschaft des Adressaten wecken, Ihre wunderbaren, wohlüberlegten und sorgfältig formulierten Sätze überhaupt zu lesen. Steigen Sie nicht als Erstes damit ein, was Sie alles Wunderbares zu bieten haben, sondern beginnen Sie mit der Du-Perspektive: „Sie sind ein Unternehmen, das ...“, „Sie planen den Ausbau von ...“, „Sie sind bekannt für ...“, „Ihr Schwerpunkt in dem Bereich ...“, „Sie zeichnet aus, dass ...“, oder „Sie sind Marktführer in ...“ Damit zeigen Sie dem Empfänger: Ich habe mich mit dir beschäftigt, du bist wichtig. Ganz abgesehen davon zeigt dieses Vorgehen, dass Ihre Bewerbung keine Massenware ist, die Sie in der gleichen Form noch an zig weitere Unternehmen geschickt haben könnten. Verdeutlichen Sie nach dem Einstieg, wo es Überschneidungen und Parallelen gibt, weshalb Sie und das Unternehmen so wunderbar zusammenpassen. Denn:

„Wir lieben Menschen, die frisch heraus sagen, was sie denken. Vorausgesetzt, sie denken dasselbe wie wir."

Mark Twain hat Recht. Es geht doch nichts über Menschen, die so ähnlich ticken wie wir selbst, oder? Wir mögen diejenigen, die uns das Gefühl vermitteln, uns ähnlich zu sein. Das kennen Sie bestimmt auch: Sie lernen zum Beispiel auf einer Party jemanden kennen, der denselben Lieblingsautor hat wie Sie. Oder Sie erfahren, dass jemand als Austauschschülerin dieselbe Highschool wie Sie besucht hat. Ich weiß von einer Kollegin, die zu einem Vorstellungsgespräch eingeladen war und im Lebenslauf als Hobby „Italienisch kochen" angegeben hatte. Sie berichtete, dass sie noch nie zuvor ein so entspanntes und angenehmes Jobinterview erlebt hatte. Der Personalchef fragte sie nur kurz nach ihren beruflichen Kompetenzen, um dann ganze 20 Minuten lang über ihr Hobby zu plaudern. Des Rätsels Lösung: Auch er hatte vor einiger Zeit die Leidenschaft fürs Kochen entdeckt. Und so kamen sie von einem Thema aufs andere – angefangen bei Rezepten und Kochsendungen im Fernsehen bis hin zu geeignetem Kochgeschirr und Kücheneinrichtungen. Danach wurde ihr die Stelle übrigens angeboten.

Im Englischen gibt es ein Wortspiel, das beschreibt, dass Menschen, die sich ähnlich sind, einander mögen: „When people are like each other, they like each other."[7]

Eine Parole, bei der Icke Ausschlag kriegt. Denn die Stärken und Besonderheiten von anderen zu sehen, ist genau das Gegenteil von seiner empfohlenen Strategie, sich durch eine Mauer abzugrenzen und so vor Feinden zu schützen, die einen sowieso nur fertigmachen wollen.

## Meister des Emotionsmanagements

Ein berühmter Vertreter der oben beschriebenen und von Icke so gefürchteten Vorgehensweise ist US-Präsident Barack Obama, dem im Wahlkampf die Herzen nur so zuflogen. Wie ist es ihm gelungen, weltweit eine so große Begeisterung hervorzurufen und die Sympathien von den unterschiedlichsten Menschen zu wecken?

Als Meister des Emotionsmanagements schaffte er es, die Leute auf der Gefühlsebene zu erreichen, was sich auch in den Pressekommentaren spiegelt. So beschrieb der Berliner Tagesspiegel nach Obamas Moskau-Rede im Juli 2009 unter der Schlagzeile „Balsam für die russische Seele“ die emotional intelligente Herangehensweise des US-Präsidenten: „Nie zuvor wurde in Moskau so viel gelächelt und nie zuvor ließ ein amtierender US-Präsident der stets zwischen Minderwertigkeitskomplex und Größenwahn schwankenden russischen Seele so viel Streicheleinheiten zuteilwerden wie Barack Obama. Amerika wolle ein starkes, blühendes, selbstsicheres Russland ... Allein dieser Satz brachte die Augen seiner Zuhörer zum Strahlen.“[8] Obama weiß, worauf es ankommt, um anzukommen. Die drei Grundpfeiler, auf denen seine Erfolgsstrategie fußt, sind Anerkennung, Wertschätzung und Gemeinsamkeiten.

„Ja, der Obama, der hat von Natur aus so eine gewinnende Ausstrahlung. Das kannst du gar nicht hinbekommen. Dafür bist du nicht der Typ.“

Er beherrscht damit etwas, was – Achtung Icke, genau aufgepasst! – kein gottgegebenes Talent ist, sondern eine zu lernende Technik, die auch Konfliktberaterinnen und -berater in ihrer Arbeit einsetzen, um zerstrittene Parteien wieder miteinander ins Gespräch zu bringen. Statt sich auf das zu konzentrieren, was trennt, sollte man sich besser die Frage stellen: „Was verbindet uns?“

Und was ist schöner und verbindet mehr, als an gemeinsame Erfolge erinnert zu werden und diese möglichst noch mal zu „feiern"? Dazu greift man, wenn's nötig ist, auch schon mal tief in die Historienkiste, wie Barack Obama weiß: „Sogar für Stalin fand Obama ein lobendes Wort, als er den gemeinsamen Kampf bei der Zerschlagung des Hitlerfaschismus beschwor." Seine Betonung von Kooperation statt Konfrontation wirkt: „Vor Obamas Charme streckte sogar Putin die Waffen."[9]

Der Regel „Parallelen schaffen Sympathien" folgt der amerikanische Präsident vor allem dann, wenn es politisch brenzlig wird, wie man in seiner Rede in der Universität von Kairo im Juni 2009 erkennen konnte. Die Journalisten und Journalistinnen waren sich weitgehend einig, dass es eine große Rede war: „Solche Begeisterungsstürme für einen US-Präsidenten gab es in einem islamischen Land noch nie."[10] „Es war eine Grundsatzrede mit völlig neuen Tönen ... Auf Augenhöhe ist er seinem Publikum ... begegnet. Statt wie George W. Bush aus der Bibel hat Obama ausgiebig aus dem Koran rezitiert und die vielen Errungenschaften der islamischen Geschichte angepriesen. Das arabische Publikum dankte für die Anerkennung mit Standing Ovations."[11] „Obama hat seine Aufgabe auf brillante Weise erledigt. Wenn Rhetorik allein Gerechtigkeit für die Palästinenser herstellen könnte, wären sie heute frei."[12] „Er ist wirklich ein Pop-Star ... Obama besitzt eine seltene Eigenschaft: man will ihm glauben."[13] Wenn Sie bei Konflikten, Auseinandersetzungen oder schwierigen Situationen verstärkt auf die Gemeinsamkeiten achten, können Sie sicher sein, dass sich Ihr innerer Kritiker diese Vorgehensweise nicht in aller Seelenruhe anschauen wird. Er mag so viel positives Denken und Reden nicht.

„Psychogeschwätz –
funktioniert eh nur in der Theorie!"

Je nachdem, an wen er sich richtet, wird er – flexibel wie er ist – auch seine Botschaft unterschiedlich formulieren: „Das ist was für Weicheier", wird er den Harten unter Ihnen zurufen. „Das kann nicht funktionieren. So einfach ist die

Sache nun auch wieder nicht", werden die skeptisch Veranlagten zu hören kriegen. „Wer bist du denn, dass du dich so an die andere Seite ranschmeißen willst", wird er den auf Unabhängigkeit Setzenden sagen. Wie auch immer seine Worte genau ausfallen: Er weiß, dass die Suche nach Gemeinsamkeiten und der Blick auf das Verbindende zu mächtigen Synergien führen, die er kaum noch aufhalten kann. Wo bleibt da sein Einfluss? Ja, wo wohl? Auf der Strecke … wo er hingehört!

## Locker ins Gespräch kommen

Gemeinsamkeiten zu entdecken ist der Schlüssel für einen guten Draht, zum Beispiel auch beim Smalltalk. Immer wieder erzählen mir Klientinnen und Klienten, dass sie dieses „kleine Gespräch" regelrecht fürchten, Anlässe dieser Art am liebsten umgehen würden und sich häufig extrem unwohl fühlen auf Veranstaltungen, bei denen diese Form der Plauderei gefordert ist.

Vielleicht sind auch Sie der Überzeugung, Smalltalk liegt Ihnen nicht? Einfach so Belangloses auszuplaudern – dazu fehlt Ihnen das Talent? Ihr innerer Kritiker weiß diese Zweifel zu nähren:

„Du weißt, du kannst das nicht.
Glückwunsch, das nennt man Einsicht."

Ich nenne das eine blockierende Überzeugung. Und wie das mit Überzeugungen so ist, man hat sich so an sie gewöhnt, dass man sich ein Leben ohne sie gar nicht mehr vorstellen kann – sind sie auch noch so störend. Lieber sucht man fieberhaft nach Bestätigung, dass an ihnen doch was dran ist, als dass man von diesem Grundsatz ablässt und sich einen neuen, hilfreicheren zulegt. Das Motto hier lautet, wie meine Kollegin Hannah Schmidt-Kuner zu sagen pflegt, für viele immer noch: „Lieber das vertraute Elend als eine unbekannte Freude."

Dabei ließe es sich leichter smalltalken, wenn man der Überzeugung „Ich kann das nicht" nicht blind folgen würde. Wetten? Probieren Sie es mal für einen Moment aus, sich von diesem störenden Dogma zu verabschieden:

**Icke-Knebel-Trick Nr. 9: So tun als ob ...**

Nehmen Sie sich ein paar Minuten Zeit und beantworten Sie am besten schriftlich folgende Fragen:

- Was wäre, wenn Sie mit anderen einfach so ins Gespräch kämen?
- Wie verhalten Sie sich, wenn Sie ein Smalltalktalent sind? Was tun Sie dann nicht mehr?
- Wie fühlen Sie sich dann, wenn Sie zu einer Veranstaltung eingeladen werden, wo Smalltalk angesagt ist?
- Wie sehen Sie aus, wenn Ihnen Smalltalk richtig Spaß macht?
- Woran merken Sie, woran merken es die anderen, dass Sie gut smalltalken können?
- Was haben Sie davon, wenn Sie gut smalltalken können?
- Welche Kleinigkeit können Sie sich von guten Smalltalkern abschauen und bei nächster Gelegenheit ausprobieren?

Tipp: Lesen Sie diese Notizen – quasi als Spickzettel – vor dem nächsten Get-Together durch und lassen Sie sich von sich selbst und Ihrer Gesprächsbereitschaft überraschen.

„So tun als ob" ist übrigens eine für viele Bereiche des Lebens hilfreiche Technik, wie Ellen Langer, Professorin für Psychologie an der Harvard-Universität, nachweisen konnte. So bat sie über 80-jährige Versuchspersonen, über einen längeren Zeitraum so zu tun als seien sie 30 Jahre jünger und forderte sie auf, sich entsprechend zu verhalten. Interessant war nicht nur, dass sich die meisten danach tatsächlich jünger fühlten, ihr Leben sich deutlich verändert hatte, sie entsprechende Rückmeldungen aus ihrem Umfeld bekamen, sich anders bewegten etc., sondern dass es sogar messbare Ergebnisse gab: 36 Prozent der Teilnehmerinnen und Teilnehmer hatten längere Fingerknochen. Auch im Körper war die „Botschaft“ also angekommen ...

Jedoch zurück zu Ihnen und dem gerade gemachten Knebel-Trick: Hat diese Übung Sie ein wenig auf den Geschmack gebracht? Möglicherweise hatten sie zumindest kurz den Eindruck, „Smalltalk – so 'ne Kunst ist das nun auch wieder nicht“? Sie haben vollkommen Recht. Das ist es wirklich nicht. Und gegen die Unlust lässt sich auch was tun. Machen Sie sich klar, was Ihnen solch unverbindliche Zusammenkünfte bringen können. Miteinander zu reden kann Verbindungen schaffen und Sympathien wecken. Durch Zufall stößt man in solch einer Unterhaltung vielleicht auf hilfreiche Informationen, ähnliche Erfahrungen, gemeinsame Interessen oder Hobbys: „Was, Sie sind auch Kanufahrerin? Ich auch. Ich bin ja erst kürzlich hier hergezogen und weiß gar nicht, wo sich hier Möglichkeiten dazu bieten.“ – „Wenn Sie wollen, gebe ich Ihnen mal die Telefonnummer unseres Clubs ...“

„Nur blöd, dass du nichts Interessantes beisteuern kannst zu einem Smalltalk. Dein Leben ist so langweilig, das interessiert doch keine Sau.“

Sie glauben immer noch, auch dank Ickes „Unterstützung“, dass Ihnen das Talent dazu fehlt? Sie würden schon gerne kommunikativer sein, wissen aber nicht wie? Bedenken Sie: Im Grunde sind Sie ein alter Hase in Sachen Unterhaltung der Marke „light“. Es ist Ihnen wahrscheinlich nur nicht bewusst. Oder plaudern Sie mit Ihrer Nachbarin nicht drei, vier freundliche Sätze, wenn Sie sie zufällig im Treppenhaus nach dem Einkaufen treffen? Was sagen Sie, wenn Sie den Kollegen auf dem Weg zur Arbeit sehen? Womit beginnen Sie das Gespräch, wenn Sie in einer langen Schlange stehen und es nicht voran geht? Richtig, eine kleine Bemerkung hier, eine Frage dort ... Smalltalk eben. Es gibt unendlich viele Alltagssituationen, in denen wir ein paar Worte wechseln ohne gleich in tiefernste, höchst hintergründige Gespräche zu verfallen. Warum also das nicht öfter tun?

„Du weißt, dass dir in dem Moment nie die richtigen Themen einfallen. Besser, du lässt die Finger davon. Das geht nach hinten los."

Aaah – spüren Sie schon eine Verspannung im Nacken? Icke macht Druck. Er will partout, dass Sie verkrampfen, sich klein machen, den Kopf einziehen. Und er gaukelt Ihnen vor, dass Sie, wenn Sie schon Smalltalk machen, dann aber auch mindestens das ultimative *Super-Thema* aus dem Hut zaubern müssen. Darunter geht angeblich gar nichts. Doch langsam sollten Sie Icke und seine Begeisterung für Übertreibungen durchschauen.

## Themen wie Sand am Meer

Ob Hobbys, Wetter, Wohnort, Konzerte, Kino, Kochen, Kinder, TV-Dokus – es bietet sich Ihnen beim Smalltalken eine unendlich breite Themenpalette. Und schließlich kann Ihr Gesprächspartner ja auch was beitragen. Sie sollen keinen Vortrag halten und um Gottes willen schon gar nicht in öde Monologe verfallen. Smalltalk ist wie Pingpong. Das geht hin und her. Und so kommen Sie gemeinsam vom „Hölzchen aufs Stöckchen". Toll, wenn man feststellt, dass sein Gegenüber schon mal am selben Ort war: „Nein! Was? Im Hotel Mare? Wann war das? Haben Sie dort den netten Kellner kennengelernt, der ..." Oder sprechen Sie über die Wohnungssuche, das beste Schwimmbad der Stadt, die letzte Zusammenbauaktion Ihres Wohnzimmerregals. Themen gibt's wie Sand am Meer.

„Dir kannst du vielleicht was vormachen. Aber die anderen werden sehr schnell merken, wie wenig Ahnung du hast. Halt bloß den Mund."

Icke kann's nicht lassen. Er setzt Himmel und Hölle in Bewegung, dass Ihnen der Einstieg in eine Plauderei am Ende wie das Verfassen einer Doktorarbeit vorkommt – nach der Devise, wenn überhaupt ein Thema einbringen, dann aber bitte eins, mit dem man sich schon seit Jahren, ach, was sage ich, besser Jahrzehnten eingehend beschäftigt hat und in dem man wirklich, wirklich sattelfest ist. Mit weniger gibt sich Ihr Miesepeter nicht zufrieden. Statt ihm den Gefallen zu tun und sich selbst den Mund zu verbieten, bringen Sie ihn besser zum Schweigen mit folgendem Knebel-Trick:

**Icke-Knebel-Trick Nr. 10: „Icke, halt's Maul!"**

Ein Kollege, der Psychologe ist, gab mir mal den guten Rat: „Es gibt im Leben auch Wadenbeißer, da kommt man mit klugen Argumenten nicht weiter. Die brauchen eine drastischere Ansage." In diese Kategorie gehört auf alle Fälle Mister Miesmacher. Daher mein Tipp, wenn er keine Ruhe gibt: nicht lang schnacken, Kopf in Nacken und ihn mit einem kräftigen: „Icke, halt's Maul" zur Räson bringen. Wirkt Wunder. Probieren Sie es aus.

Falls Sie sich Ickes Forderung fügen und wenn überhaupt, dann nur ein extrem wichtiges, für alle Menschen gleichermaßen interessantes und sensationelles Thema in den Smalltalk einbringen wollen, werden Sie vor lauter Anspruchshaltung und Perfektionismuszwang stumm wie ein Fisch bleiben. Ein Gespräch zu beginnen ist leichter, als Icke Sie glauben machen will.

Ich erinnere mich an eine Party, zu der ich als Begleitung mitgegangen war. Es trudelten im Laufe des Abends immer mehr Gäste ein. Ich saß mit einer Runde von acht bis neun Leuten in einer gemütlichen Sofaecke, ein anderes Grüppchen hatte sich nicht weit von der Küche gebildet. Während sich dort alle angeregt unterhielten, war es in unserer Runde ziemlich still. Die Raucher hatten es gut, denn die waren damit beschäftigt, in der Tasche zu wühlen, umständlich die Schachtel auszupacken oder - noch besser - sich selbst eine Zigarette zu drehen. Die Glücklichen saßen wenigstens nicht so untätig rum wie wir anderen, die wir uns verzweifelt an das Knabberzeug hielten, bis ich in die Runde eine einfache Frage warf: „Woher kennt ihr denn den Gastgeber?" Einer nach dem anderen erzählte. Das Komische: die Antworten waren sich ähnlich: „Eigentlich kenne ich den gar nicht, ich wurde nur mitgebracht." Und schon gingen die Gespräche richtig los: „Ach nee, ich auch." - „Ja, von wem denn?" - „Vom Heiner." - „Ich weiß, das ist der Kollege meines Freundes ..." Das Eis war gebrochen.

Hallo Icke, eine einzige Frage, die nicht Pulitzerpreis verdächtig war, hat ausgereicht. Da biste platt, was?

„Das war pures Glück. Eine Ausnahme. Beim nächsten Mal werden alle so eine Frage richtig doof finden. Das wird dann total peinlich."

Ja, genau, am besten man schließt sich in seinem Kämmerlein ein und vermeidet Kontakte aller Art. So kann man sich nicht blamieren. Oder welche Möglichkeit bleibt noch? Ich glaube, es macht wesentlich mehr Spaß, Icke den Mund zu verbieten und sich selbst mehr zuzutrauen.

## Den Anfang machen

Manche Menschen wundern sich, weshalb sie bei bestimmten Anlässen wie zum Beispiel Empfängen, Bürofeiern oder Jubiläen allein herumstehen und niemand auf sie zukommt und sie anspricht. Zwei Gründe können verantwortlich sein. Erstens, die anderen denken dasselbe: „Warum spricht mich niemand an ...?" Zweitens und gar nicht so selten: ihre Ausstrahlung.

Erinnern Sie sich an die letzte Situation, in der Sie darauf gewartet haben, dass man auf Sie zukommt? Stellen Sie sich mal vor, Sie hätten die Szene aus der Entfernung beobachtet: Wie einladend haben Sie auf andere gewirkt? Haben Sie versucht, Blickkontakt aufzunehmen, ist Ihre Körperhaltung offen gewesen, die Mimik freundlich oder eher verschlossen? Und haben Sie zufällig Ickes Worten gelauscht, die wahrscheinlich in etwa so geklungen haben:

„Du kennst das doch, erinnere dich an die letzte Veranstaltung. Kein Mensch wollte mit dir reden. Auch diesmal wird es wieder so sein. Du kannst es drehen und wenden, wie du willst. Die Leute nehmen dich nicht wahr. Du bist stinklangweilig. Und alle merken es."

Der elenden Warterei und damit der alten Icke-Leier können Sie entfliehen, indem Sie den Anfang machen und sich selbst einen Gesprächspartner suchen. Am einfachsten wird es bei Gästen sein, die auch allein da sind und sich möglicherweise ebenso verloren vorkommen, weil deren innerer Kritiker ihnen gerade die Stimmung versaut.

Herausfordernder ist es zweifelsohne, sich zu einer Gruppe, die bereits im Gespräch ist, zu gesellen. Der persönliche Querschläger rät dringend ab:

„Warum sollte ausgerechnet ein Kreis von Leuten, der sich blendend unterhält, an dir Interesse haben? Die amüsieren sich doch prächtig ohne dich. Da bist du so überflüssig wie eine Sandkiste in der Sahara. Halt dich fern, sonst lachen sich alle über dich kaputt. Willst du dich wieder zum Gespött der Leute machen?"

Icke wie er leibt und lebt. Wer sich in ein Gruppengespräch einklinkt, baut idealerweise den Kontakt zu einer Person auf und lässt nach und nach das Gespräch auf die anderen Mitglieder ausweiten. Am einfachsten ist es, indem man jemandem aus der Gruppe zustimmt: „Tja, das kenne ich nur zu gut. Mir ist da was ganz Ähnliches passiert ..."

„Es gibt Menschen, die können einfach plaudern, und es gibt andere wie dich, da wirkt so was nur peinlich. Also, Schuster bleib bei deinen Leisten."

Wie soll's auch anders sein, Icke will Ihre Bedenken verstärken. Aus einem guten Grund: Er mag es nicht, wenn Sie seine Worte in den Wind schlagen, neue Kraft verspüren, Mitstreiter finden, sich plötzlich zu wohl fühlen – was wird dabei nur aus ihm? Ja, was wohl ...?

### Icke-Knebel-Trick Nr. 11: Verbündete suchen

Für viele Seminarteilnehmerinnen und -teilnehmer ist es eine entlastende, geradezu befreiende Erfahrung zu erleben, dass sie mit bestimmten Schwierigkeiten nicht allein dastehen. Zum Beispiel beim Thema Smalltalk. Geteiltes Leid ist halbes Leid. Und gemeinsam lacht es sich auch leichter über selbst gestellte Beine. Diese Erkenntnis ist der Ausgangspunkt für den Knebel-Trick. Tun Sie sich mit jemandem zusammen, der ebenfalls einen äußerst agilen inneren Kritiker hat. Erzählen Sie sich gegenseitig von den Manipulationsversuchen. Zerren Sie die Nervensägen ans Tageslicht und suchen Sie gezielt nach falschen Behauptungen und Unterstellungen, deren genaues Gegenteil Sie bereits bewiesen haben. Sie werden sehen: Zu zweit geht die Suche sehr viel einfacher, weil der Partner oder die Partnerin die Lage mit einem größeren Abstand betrachtet und sich den Blick durch Verneblungstaktiken à la Icke & Co nicht so leicht trüben lässt.

Der gute Kontakt zu anderen macht im Leben vieles einfacher und angenehmer. Dabei will ich nicht verhehlen, dass wir nicht in La-la-Land leben, wie meine Freundin Lizzy oft betont. Es herrscht also im menschlichen Miteinander nicht immer eitel Sonnenschein und wir können auch auf Zeitgenossen treffen, die abweisend und unfreundlich sind oder schlicht keinerlei Interesse an uns haben.

Doch sollten Sie deshalb nicht in die Icke-Pauschalier-Falle tappen und daraus die falschen Schlüsse ziehen, nur weil beispielsweise Ihr Smalltalk-Ansinnen einmal nicht klappt. Icke wird zwar sofort versuchen aus dem Einmal-Erlebnis eine für immer geltende Regel abzuleiten, indem er Ihnen weismachen will, dass *alle* Menschen so sind, dass *nie* jemand mit Ihnen zu tun haben will, dass *keiner* Sie mag, dass es *immer* in die Hose gehen wird, wenn Sie das Gespräch suchen ... Doch ein Einzelfall ist ein Einzelfall – mehr nicht.

## Grenzen ziehen

Darüber hinaus haben Sie die Wahl, wie Sie mit einem muffligen, frechen oder gemeinen Gegenüber umgehen wollen. Ich finde es für solche Fälle sehr hilfreich, mit einer schlagfertigen Reaktion das deutliche Zeichen zu setzen, dass das Verhalten nicht okay war und ich das nicht mit mir machen lasse.

„Ja, klar, die Autorin hat leicht reden. Die ist auch Schlagfertigkeitstrainerin und muss das können. Aber du stehst doch immer auf dem Schlauch bei blöden Bemerkungen. Das wird sich nie ändern."

Icke gaukelt Ihnen vor, dass Sie sich niemals etwas Neues aneignen können, in diesem Fall, dass Schlagfertigkeit nicht lernbar ist. Getreu der hinderlichen Überzeugung unseres inneren Kritikers, dass wir entweder mit dem Talent auf die Welt kommen oder eben nicht. Aber ich kann Sie beruhigen. Wie so oft liegt der Saboteur falsch. Man muss nicht als Schlagfertigkeitsmeister oder -meisterin vom Himmel gefallen sein, um eine Bemerkung wie die Folgende kontern zu können:

„Das ist ja wieder typisch für Sie." – „Oh, vielen Dank. Ich weiß, dass ich eine klare Linie verfolge."

Es ist auch keine Frage von angeborener, verbaler Genialität angemessen auf einen Vorwurf zu reagieren wie im folgenden Beispiel.

„Mit Ihnen kann man ja nicht reden." – „Na, dann versuchen Sie's doch mal mit Singen."

Das ist kein Hexenwerk, sondern schlichtes Handwerk und dadurch zu lernen, dass man sich mit bestimmten Schlagfertigkeitstechniken vertraut macht und gleichzeitig Icke einen Maulkorb verpasst (mehr zum gekonnten Kontern lesen Sie in Kapitel 5, s. S. 73 ff.).

Last but not least haben Sie immer noch die Möglichkeit der Durchzugsmethode, für die Sie ebenfalls nicht mit bestimmten Konter-Genen ausgestattet sein müssen. Sie holen in diesem Fall nicht zum verbalen Gegenschlag aus, sondern schweigen einfach. Manchmal ist mehr damit gewonnen, die Ohren auf Durchzug zu schalten und den Kontrahenten mit Nichtachtung zu strafen. Damit das Ganze nicht schwach wie eine Verlegenheitsreaktion (siehe Nettigkeitsfalle, S. 78) rüberkommt, ist die Konzentration auf körpersprachliche Stärke extrem wichtig. Bauen Sie sich vor Ihrem Gegenüber mit aufrechter Haltung, erhobenem Kopf und gerne auch einem süffisanten Grinsen auf, das mehr als 1 000 Worte sagt. Wenn Sie selbstbewusst zur Tagesordnung übergehen, als wäre nichts geschehen, kann das einen Provokateur schon mächtig ärgern. Denn somit ist sein Versuch, Sie mit einer gemeinen Bemerkung aus der Reserve zu locken, offensichtlich in die Hose gegangen. Einfach zu schweigen ist oft wirkungsvoller als jeder noch so gut gewählte Konter.

## Wenn der Spaß aufhört

Einschränkend ist zur Durchzugsmethode jedoch zu sagen, dass sie sich auf Dauer abnutzt. Je öfter angewandt, desto weniger wirksam ist sie. Daher ist manchmal ein deutlicheres Wort vonnöten. Beispiel schlechter Kundenservice: Werden Leute dafür bezahlt, dass sie anderen das Leben leichter machen sollen und sie tun aber genau das Gegenteil, dann belasse ich es nicht bei der Durchzugsmethode. Noch immer hat sich nicht bei allen Dienstleistern rumgesprochen, dass Kundenorientierung nicht heißt, den Kunden an der Nase herumzuführen und auch nicht dem Kunden aufzuzeigen, was er falsch verstanden und falsch gemacht hat. Sondern Kundenorientierung meint, die Kunden darin zu unterstützen möglichst schnell an das Produkt oder die Leistung zu kommen, für die sie Geld auf den Tisch gelegt haben. Ich bin nach wie vor verblüfft, dass viele am Service-Schalter, in der Kunden-Hotline oder im Costumer-Service bis heute diese Worte mit „Schlechte-Laune-Auslebstation“ übersetzen. Und manche Kunden glauben immer noch, dass das Ziel dieser Anlaufstellen darin liegt, Ihnen weiterzuhelfen. Die Realität sieht aber oft anders aus. Vielleicht spüren Sie bei diesem Thema meinen noch nicht ganz verrauchten Ärger. Beim letzten Vorfall dieser Art stellte ein Kundenhotline-Mitarbeiter in stetig lauter werdendem Ton beharrlich fest, dass ich an dem Problem mit meinem Laptop selbst schuld sei (1-A-Ferndiagnose – Kompliment!). Ich warnte ihn, dass seine Art zu kommunizieren voll nach hinten losgehe. Meine Wutkurve steige sekündlich. Und das könne ja wohl nicht sein Ziel sein. „Deeskalation geht, so weit ich mich erinnere, genau andersrum“, erklärte ich. „Ich könnte im nächsten Telefontraining-Seminar einen Platz für Sie freihalten.“ Ich geb’ zu, das war ein wenig provokativ. Aber irgendwie hab ich was dagegen, mich auf meine (Telefon-)Kosten beschimpfen und belehren zu lassen.

Vielleicht könnte der simple Gedanke, dass es die Kundschaft ist, die das Geld ins Haus bringt und damit den Arbeitsplatz finanziert, weiterhelfen, um für einen Augenblick wenigstens durch deren Brille auf die Sache zu gucken. Hilfreich wäre auch die Überlegung, dass die Kundinnen und Kunden Geld investiert haben und dafür eine angemessene Gegenleistung erwarten können und nicht noch eine Belehrung brauchen, die sie zu Deppen macht. Ich jedenfalls kann solch ein Verhalten nicht unkommentiert stehenlassen und beharre auf meinem Recht.

„Wenn was nicht stimmt, dann liegt's an dir. Wahrscheinlich hast du dich unklar ausgedrückt oder zu viel erwartet. Abgesehen davon bist du auch sehr pingelig. Andere würden sich nicht so aufregen.“

Möglicherweise bläst Ihr persönlicher Icke ja ins selbe Horn und versucht Ihnen sofort ein schlechtes Gewissen zu machen, wenn Sie sich zur Wehr setzen? Och, der arme Mensch am anderen Ende. Der macht doch nur seinen Job. Den ganzen Tag mit Beschwerden zu tun zu haben, das ist hart, so hart. Und was soll man sich Ärger ins Haus holen, der einen nicht weiterbringt? Ärgern ist sowieso ungesund. Das kann schon sein, nur geben Sie sich bitte nicht der Illusion hin, dass Ihr mentaler Saboteur Ihr Wohlergehen im Sinn hat, wenn er Sie davon abhält, Ihr Recht einzufordern. Nein, er hat was dagegen, dass Sie für sich Partei ergreifen. Denn dies wäre auch ein Beleg dafür, dass Sie sich selbst ernst nehmen. Und das wiederum passt dem Miesepeter nicht in den Kram.

Wie halten Sie es mit Beschwerden? Nehmen Sie alles klaglos hin oder fordern Sie Service ein? Monieren Sie eine misslungene Dienstleistung? Reklamieren Sie? In diesen Zusammenhang passt gut ein Gespräch, das ich mit einer Freundin in einer Bar geführt habe:

BETTINA: „Du, der Cocktail schmeckt aber komisch. Deiner auch?"
MEIKE: „Ja."
BETTINA: „Der sieht auch ganz anders aus, als ich das eigentlich kenne."
MEIKE: „Pina Colada schmeckt eigentlich auch ganz anders."
BETTINA: „Na ja, hast du nicht gesehen? Der Barmann hat gleich so merkwürdig reagiert auf die Bestellung und hat dann erst mal in seinem Heft geblättert. Wahrscheinlich ist das sein erster Cocktail."
MEIKE: „Ja, so schmeckt er auch. Und dafür 14 Euro."
BETTINA: „Hm, wir müssen ihn ja nicht austrinken."
MEIKE: „Wie bitte? Wir geben den zurück und lassen uns einen neuen mixen."
BETTINA: „Nein, lass' doch. Der kennt sich damit vielleicht noch nicht so aus."
MEIKE: „Das kann ja sein, aber dann muss er sagen, dass er noch nicht mixen kann. Ich will einen neuen oder mein Geld zurück."
BETTINA: „Ach komm, wir gehen einfach. Ich möchte keinen Ärger."
MEIKE: „Wieso denn Ärger?"
BETTINA: „Wir müssen uns den Abend doch nicht verderben."

Bettina und ich hatten uns in der neuen Bar schon auf einen leckeren Cocktail gefreut. Und dann das. Ich habe mich überreden lassen, nichts zu sagen, und wir verließen den Laden, ohne zu reklamieren. Meiner Freundin war es unangenehm, Ärger zu verursachen. Ihr fielen unendlich viele Gründe ein, warum wir besser schweigen sollten. Lieber wollte sie ihre Ruhe und dafür keinen Stress mit dem Barmann. Kennen Sie solche Situationen? Ist es Ihnen peinlich, etwas umzutauschen? Verzichten Sie darauf, dem Ober zu sagen, dass Ihnen das Essen nicht schmeckt? Trauen Sie sich nicht, sich über die schlechte Arbeit von Handwerkern zu beschweren? Ja? Dann kann ich Ihnen versichern, dass Icke Beifall klatscht.

„Ach, wieso willst du dich beschweren? So wichtig ist deine Sache nicht. Ist ja albern, so 'ne Kleinigkeit. Noch dazu wäre der andere dann sauer auf dich. Bald gibt es kaum noch jemanden, der dich nett findet."

Was Icke dabei übersieht: Bedienungen, Verkäufer oder Dienstleister sind nicht dazu da, Sie zu mögen. Deren Aufgabe ist es, eine ordentliche Arbeit abzuliefern. Und Sie haben ein Recht auf eine anständige Gegenleistung für Ihr Geld. Kundinnen und Kunden, die auf diesem Recht beharren, machen oft die erstaunliche Erfahrung, dass ihr Gegenüber ihnen Respekt zollt anstatt total verärgert zu sein. Vielen Menschen imponiert es offenbar (weil sie sich selbst nicht trauen?), wenn andere sich durchsetzen.

Damit wir uns richtig verstehen: Selbstverständlich weiß ich, dass es auch Kundschaft mit schlechter Laune gibt – schon klar. Niemand muss sich beleidigen lassen. Das gilt aber auch für die Kunden und Kundinnen, die nicht zu belehren, zu erziehen oder zu beschimpfen sind.

Bei Beleidigungen, Frechheiten und Provokationen – von wem auch immer – ist man manchmal derartig perplex, dass es einem die Sprache verschlägt. Und erst viel später fällt einem die passende Reaktion ein. Gut, wenn man sich spontan mit einem schlagfertigen Konter „befreien" kann, bevor man sich hinterher mit der Frage zermürbt: „Warum hab ich das bloß mit mir machen lassen?" Eine Antwort darauf und vor allem mehr dazu, wie Sie sich selbst zur Schlagfertigkeit ermuntern und Icke locker in seine Schranken verweisen, erfahren Sie im nächsten Kapitel.

# 5. Entdecken Sie den Spaß an der Schlagfertigkeit ... und legen Sie Icke einen Maulkorb an

„Sie sind doch sonst nicht so blöd. Nun stimmen Sie mir doch zu."

Ulrike ist empört, als Kollege Andreas sie im Meeting von der Seite anmacht, weil sie als einzige sein Vorhaben ablehnt. Sie weiß, diese Beleidigung kann sie so nicht stehen lassen. Sie muss reagieren – jetzt, sofort. Doch bei der Suche nach einer passenden Antwort bleibt ihr Hirn seltsam untätig, geradezu gelähmt. Kein Wort kommt ihr über die Lippen. Sie schweigt und beschließt so zu tun, als hätte sie die Beleidigung überhört. Sie versucht, ein Pokerface zu wahren und spürt gleichzeitig, wie es in ihr kocht. Die tuschelnden Kollegen geben ihr den Rest. Aus Protest sagt sie die ganze Sitzung lang nichts mehr und kann nur noch denken: „Wie zahle ich ihm das heim?" Kennen Sie solche oder ähnliche Situationen? Sie sagen nichts, obwohl andere Sie provoziert, angegriffen und beleidigt haben? Sie sind so perplex, dass Ihnen erst Stunden später einfällt, wie Sie angemessen hätten reagieren können?

## Angst bremst aus

Warum nur fällt einem häufig nichts ein, wenn andere einem zu nahe kommen? Wieso hält man dicht, obwohl man doch für sich selbst Partei ergreifen, dem anderen das deutliche Signal senden müsste: „Halt, hier bist du zu weit gegangen. Mit mir läuft das nicht, Freundchen!"

Warum antwortet die sonst so kluge Ulrike nicht ganz gelassen: „Ja, mein Lieber, gerade weil ich nicht blöd bin, stimme ich Ihnen nicht zu"?

Schuld ist Icke. Ihm ist es nicht recht, wenn wir für uns kämpfen und verbal stark auftreten. Am Ende, so fürchtet er, finden wir noch

Gefallen daran und fühlen uns immer sicherer. Dann kontern wir womöglich mit einer angemessenen Antwort, wenn uns jemand eine blöde Bemerkung um die Ohren haut. Dann reagieren wir sogar schlagfertig, wenn man uns provozieren will. Dann wehren wir uns letztlich selbst gegen Icke, wenn er uns mit seinen dummen Bemerkungen ärgert. Nicht auszudenken! Der arme Kerl hätte nichts mehr zu lachen. Sein Einfluss ginge gegen null. Wie furchtbar für ihn.

Zu schön, um wahr zu sein: Ihr innerer Kritiker kennt Sie so gut, dass er weiß, welche Knöpfe er frühzeitig drücken muss, damit er Sie klein und mundtot kriegt. Er schwingt die Angstkeule, um Sie zum Schweigen zu bringen. Er erstickt die für Schlagfertigkeit unerlässliche Spontaneität, indem er in düsteren Farben ausmalt, was alles passieren wird, wenn Sie den Mund aufmachen und Kontra geben:

„Wenn du dich jetzt wehrst, werden alle dich für aggressiv und unprofessionell halten. Du wirst nie mehr eine interessante Aufgabe bekommen. Und im ganzen Haus wird man über dich reden. Ach, was heißt im Haus? Bis in die kleinste Filiale wird es vordringen, wie peinlich du dich aufgeführt hast. Der Geschäftsführer wird Wind von der Sache bekommen und sich dich vorknöpfen. Dann ist es mit der Karriere vorbei. Und die Kollegen, die nehmen sowieso Abstand von dir. Wer will sich schon mit so einer Person noch blicken lassen …?"

Ickes Fantasie sind keine Grenzen gesetzt. Er konzentriert sich auf das, was er so gut kann: verurteilen, katastrophieren, Schuld zuweisen.

## Stimme statt Stimmchen

Die inneren Kritiker von Frauen zaubern an dieser Stelle gerne noch eine ganz besondere Spezialität in Sachen Angst aus dem Hut: Sie blähen die Furcht vor dem Verlust der Weiblichkeit auf. Das bekommen sie so gut hin, dass sich viele Frauen sichtbaren Ärger, sogar eine eigene Meinung verbieten. Sie bremsen sich ab und lächeln noch lieb bei der größten Frechheit, als wäre nichts geschehen. Sie verbieten sich Lautstärke und mutieren zur Leisetreterin – pardon Leisesprecherin – aus Angst, nicht mehr als richtige Frau zu gelten, falls sie zu mächtig, laut oder dominant wirken. Dabei ist die Stimme ein entscheidender Faktor in Sachen Überzeugungskraft (siehe Kapitel 6, S. 87 f.). Ihre Stimme und Sprechweise spielen eine erhebliche Rolle dabei, ob man Ihnen zuhört, Sie ernst nimmt und ob Sie überzeugen.

Außerdem sagt Ihre Stimme viel über Ihre Persönlichkeit aus, wie es die Herkunft des Wortes schon vermuten lässt. Persönlichkeit kommt vom lateinischen Per-*sonare* (durch-*tönen*). Das heißt, Ihre Stimme überträgt, wie Sie wirken, was Sie ausmacht und was Sie selbst von sich halten. Wichtige Indikatoren sind hierbei die Lautstärke, Tragweite und Tiefe Ihrer Stimme. Können Sie laut genug sprechen? Trägt Ihre Stimme? Kann man Sie in einem größeren Raum auch in den hinteren Reihen noch verstehen? Nichts ist schlimmer und nervtötender als ein Mensch (egal übrigens, ob Männlein oder Weiblein), der kaum durchdringt – für beide Seiten. Für das Publikum, weil es wahrscheinlich nur die Hälfte mitbekommt, ständig nachfragen muss, vielleicht irgendwann keine Lust mehr hat und beschließt, lieber eine Runde zu dösen. Und für die Person, die spricht, ist es ebenfalls lästig, muss sie doch alle paar Minuten ein „Lauter!“ über sich ergehen lassen oder noch unfreundlichere Reaktionen hinnehmen.

Übrigens: Menschen mit tieferen Stimmen, genauer gesagt auf Eigenton Sprechenden, wird höhere Kompetenz und Sympathie zugeschrieben. Die Eigenton-Stimmlage (auch Indifferenzlage genannt), umfasst die Töne, die sich im unteren Drittel des Stimmumfangs befinden. Bei Aufregung und Anspannung spricht man meist höher und gepresster als in einem emotional ausgeglichenen Zustand. Die Zuhörerschaft schlussfolgert unbewusst: Jemand, der auf Eigenton spricht, ruht in sich, ist offensichtlich von sich überzeugt und traut sich was zu. Dem können wir auch was zutrauen.

So viel zur Theorie. Im Augenblick der Wahrheit, in dem Moment eines verbalen Angriffs oder beim Sprechen vor Publikum verfallen insbesondere Frauen trotz des Wissens um die Bedeutung der Stimme in eine hohe, angespannte Tonlage mit zartem, kaum zu hörenden Stimmchen. Sie lassen Icke zu viel Freiraum und schenken seinen Warnungen Gehör.

„Eine laute, kämpfende, vehemente Frau ist hässlich, unattraktiv, nicht weiblich. Also keine echte Frau. Pass bloß auf, dass du nicht so wirst."

Falls bei uns Frauen nur für einen Moment Zweifel an Ickes Thesen aufkommen sollten, können Sie sich darauf verlassen, dass ihm Komplizen aus Fleisch und Blut zu Hilfe eilen und in dieselbe Kerbe schlagen. Als ich in Sachen Schlagfertigkeit recherchierte und Männer und Frauen nach ihren Erfahrungen fragte, erzählte mir eine Freundin, Journalistin in einer Sportredaktion und zuständig für die Immer-noch-Männerdomäne Fußball, von einem Gespräch mit einem Kollegen über ein lange zurückliegendes Fußballspiel. Es ging um die Frage, welcher Spieler das entscheidende Tor erzielt hatte. Die beiden waren unterschiedlicher Meinung, forschten nach und siehe da, meine Freundin hatte Recht. Anstatt sie nun für ihr gutes Gedächtnis, großes fußballerisches Wissen etc. zu beglückwünschen, sagte der Kollege nur tief beleidigt: „Wir wissen ja, du bist der einzige Kerl hier unter uns."

Meiner Freundin, sonst eigentlich nicht auf den Mund gefallen, blieb die Spucke weg. Der Kollege wusste intuitiv: Wenn gar nichts mehr geht, dann kriegt man (auch diese) Frau beim wunden Punkt Weiblichkeit. Und schon hatte er seine Ruhe. Eine schlagfertige Antwort hatte sie nicht parat.

## Frechheit wagen

Schlagfertigkeit heißt, sich zu wehren, das eigene Territorium abzustecken, dem anderen ein klares Nein zu sagen und Frechheit zu wagen. Doch genau hier hakt es. Wenn ich Frauen zu Beginn eines Schlagfertigkeitsseminars frage, was ihre Erwartung ist, dann kommen sehr oft stereotype Antworten wie „Ich möchte schlagfertiger werden ...", mit dem leisen Nachsatz: „Aber nicht so frech, eher auf nette Art und Weise." Genau! Der andere soll uns schließlich noch lieb haben. Und wenn ich ihm mit einem frechen Spruch begegne oder ein deutliches Stopp signalisiere, hat der das womöglich nicht so gern. Und was dann? Dann ärgert der sich, und wir Frauen leiden schrecklich. Das können viele von uns nur schlecht aushalten, stimmt's? Wir wollen doch, dass es allen gut geht. Allen? Okay, uns selbst ausgenommen. Dank Icke haben wir gelernt und werden auch immer wieder daran erinnert, wie wir uns bitteschön ordnungsgemäß zu verhalten haben, sodass wir nicht anecken und für die anderen gut handhabbar bleiben. Und die oberste Icke-Maxime lautet:

„Nimm dich nicht so wichtig. Was hast du schon groß vorzuweisen, dass du den Mund so voll nehmen könntest?"

Halten Sie sich an diese Vorgabe, gibt's 'ne tolle Gegenleistung: Alle anderen fühlen sich so unglaublich wohl in Ihrer Nähe, dass Sie von Ihnen gar nicht genug bekommen können. Kein Wunder, die dürfen sich bei Ihnen unendlich entfalten und breit machen – ohne Rücksicht auf Verluste.

Frauen tun sich mit schlagfertigen Antworten auch deshalb schwerer als Männer, weil viele ihr Verhalten danach ausrichten, ob es die Billigung oder Missbilligung anderer findet. Icke prognostiziert:

„Erst wenn dich wirklich alle mögen, lieben und bewundern, darfst du dich gut fühlen."

Er verschweigt, dass es ein Ding der Unmöglichkeit ist, es jedem recht zu machen. Als Chefin können Sie gleich einpacken, wenn Sie Everybody's Darling sein wollen. Sie müssen auch mal aushalten, dass andere gerade nicht so gut auf Sie zu sprechen sind. Diese Info lässt Icke natürlich unter den Tisch fallen. Er verspricht ein Supergefühl, einen Zustand totalen Glücks, wenn Sie die Bedürfnisse von allen (pardon, fast allen – Ihre eigenen natürlich nicht) im Auge haben. Entsprechend wertlos fühlen sich viele Frauen, wenn ihre Mitmenschen nicht lieb und nett zu ihnen sind. Ein böser Spruch, eine dumme Bemerkung trifft Frauen oft viel härter als Männer und erschüttert sie grundlegend, sodass es ihnen noch schwerer fällt, sich aus dieser Ohnmachtsituation zu befreien.

Höchste Zeit, Icke einen Dämpfer zu verpassen. Mit folgendem Trick können Sie den Sprücheklopfer schwächen.

### Icke-Knebel-Trick Nr. 12: Dem Kritiker Kraft entziehen

Horchen Sie genau hin: Welche Qualität hat die Stimme Ihres inneren Kritikers normalerweise? Welche Lautstärke hat sie, wie tief oder hoch ist sie? Wie schnell spricht er? Nun bitte ich Sie, in Ihrer Vorstellung die typischen Eigenschaften der Stimme und Sprechweise Ihres Kritikers zu verändern. Spricht er normalerweise sehr tief und fest, vielleicht auch recht laut, dann drehen Sie wie beim Radio einfach mal den Lautstärkeregler runter, sodass Ickes Stimme leiser und leiser wird, bis Sie sie nur noch ganz schwach hören. Und machen Sie aus seiner festen Stimme eine brüchige, etwas höhere oder eine Mickey-Maus-Stimme. Nun lassen Sie Ihren Kritiker noch mal seine typischen Sätze sagen. Aber mit dieser neuen, merkwürdigen Stimme. Spüren Sie, wie Icke an Kraft verliert?

Viele Frauen und auch einige Männer halten sich mit schlagfertigen Reaktionen zurück, weil sie Konflikte nicht mögen und ein ausgesprochenes Bedürfnis nach Harmonie haben. Leider übersehen sie dabei, dass nicht sie es sind, die mit einem Konter diese Harmonie zunichte machen, sondern dass der Angriff die scheinbare Eintracht schon längst zerstört hat. Doch Ickes düsteres Zukunftsprogramm läuft wieder auf vollen Touren. Er malt aus, wie furchtbar alles wird, wenn der andere Sie nicht mehr mag. Über kurz oder lang werden alle anderen sich sowieso mit Grausen abwenden, und Sie werden vereinsamen. Gar nicht daran zu denken wie schrecklich und unerträglich jeder weitere Tag am Arbeitsplatz sein wird, wenn Sie jetzt auf die dumme Idee kommen, schlagfertig zu reagieren. Besser, es kommt kein Sterbenswörtchen über Ihre Lippen, meint jedenfalls der Neunmalkluge.

## Bescheidenheit ist eine Zier ...

Ickes Sabotage ist oft von Erfolg gekrönt mit der Konsequenz: Sie halten den Mund, bestehen nicht auf Ihrem Recht, sprechen Dinge nicht an, die Sie stören, lächeln womöglich noch lieb mit schräg gelegtem Köpfchen, obwohl es keinen Grund zur Freundlichkeit gibt – nur um gemocht zu werden. Und damit tappen Sie blind in seine wohl präparierte Nettigkeitsfalle.

„Sei höflich und bescheiden,
dann mag dich jeder leiden."

Schon vergessen? Mit Nettigkeit allein ist kein Blumentopf zu gewinnen. Das wusste schon Ihre Oma, wenn sie sagte:

„Bescheidenheit ist eine Zier, doch weiter kommt man ohne ihr.“ Um auch mal ein Sprichwort zu bringen, das nicht aus Ickes Mund kommt und schon gar nicht in seinem Sinne ist.

Vielleicht denken Sie jetzt, das ist doch ein Widerspruch. Im vorherigen Kapitel ging es darum, dass Icke was dagegen hat, wenn wir in guten Kontakt kommen mit anderen und uns daher „Mauern hochziehen“ und auf Distanz gehen lässt. Warum macht er es denn in diesem Fall nicht? Das könnte uns doch prima vor den Verbal-Angriffen schützen.

Ganz einfach, weil Icke es sich nicht zum Ziel macht, gut für Sie zu sorgen, Sie zu ermutigen oder Ihr Glücksgefühl zu vergrößern. Er hat sich genau dem Gegenteil verschrieben. Sie klein zu machen, Sie in Unsicherheit zu wiegen, Sie grundlegend in Ihrem Selbstwertgefühl zu erschüttern. Noch dazu ist er, wie ich im Eingangskapitel beschreibe, höchst flexibel. Wollen Sie Menschen für sich gewinnen, legt er Ihnen Abstand nahe (um bloß nicht noch mehr Bestätigung für Sie zu erzeugen). Überschreiten andere Ihre Grenzen, will Icke Sie davon abhalten, sich zu schützen (wäre ja noch schöner, wenn Sie sich selbst wichtig nähmen). Beide seiner Empfehlungen sollten Sie ignorieren.

Gerade wenn man Sie verletzt, sich über Sie lustig macht oder Sie bloßstellt, ist es besser, sogar zwingend erforderlich, darauf zu reagieren – egal, was der innere Kritiker davon hält. Schlagfertigkeit ist gefragt, um sich Respekt zu verschaffen, Profil zu gewinnen, um Ruhe zu haben und um zu zeigen, dass man nicht alles mit sich machen lässt.

Auch wenn man sicher gut beraten ist, im anderen das Positive zu sehen und grundsätzlich die Suche nach dem weißen Zahn voranzustellen, kann das nicht darüber hinwegtäuschen, dass es im Leben auch so manchen Wadenbeißer gibt, der ein sehr deutliches Signal von Ihnen braucht, um Ihre Grenze zu erkennen. Wenn Sie alles hinnehmen, womöglich noch mitlachen, verraten Sie sich selbst. Dieses Gefühl von Selbstverrat ist es, das in uns rumort, wenn wir abends zu Hause sitzen und uns ärgern, dass wir nicht für uns selbst eingetreten sind. Mark Twain hat noch lustig formuliert: „Schlagfertigkeit ist das, was mir 24 Stunden später einfällt."

Vielen aber vergeht abends im stillen Kämmerlein das Lachen, wenn sie den Tag Revue passieren lassen und sich fragen: „Warum nur hab ich das mit mir machen lassen, weshalb habe mich nicht geschützt. Was bin ich mir wert?"

## Sich die Erlaubnis zum Kontern geben

Eines meiner Bücher zum Thema Schlagfertigkeit trägt den Titel Lizenz zum Kontern. Ein Wortspiel zu „Licence to kill"[14] – Bond lässt grüßen. Andere mundtot zu machen, wenigstens für einen Augenblick, das wünscht man sich schon manchmal, zumindest insgeheim, oder? Ich finde den Buchtitel nicht nur deshalb so passend, sondern auch weil damit das eigentliche Dilemma angedeutet wird, das über das Gelingen oder Misslingen von Schlagfertigkeit bestimmt. „Lizenz zum Kontern" kann man übersetzen mit der „Erlaubnis zur Schlagfertigkeit". Das A und O des erfolgreichen Konterns liegt darin, dass Sie sich überhaupt erlauben, sich zu wehren und damit auch Icke eins auf den Deckel zu geben. Kommt aufs Gleiche raus.

Wenn Sie also jemand angreift mit dem Satz: „So wie Sie gebaut sind, dürfte es ja auch nicht dauernd Komplimente hageln, was?" Dann könnten Sie folgendermaßen kontern: „Ach, wenn ich mir Sie so ansehe, weiß ich, dass es immer noch schlimmer kommen kann."

Beim Schlagfertigkeitstraining ist eine Doppelstrategie am sinnvollsten. Der erste Teil der Strategie betrifft die innere Haltung. Machen Sie sich klar, dass es Ihr Recht, manchmal sogar Ihre Pflicht sich selbst gegenüber ist, dem inneren Provokateur die Rote Karte zu zeigen. Der zweite Teil der Strategie umfasst das Trainieren der Techniken, womit Sie zwei Fliegen mit einer Klappe schlagen. Die Techniken können Sie einerseits bei Sprücheklopfern in Menschengestalt anwenden und andererseits natürlich auch, um Icke zum Schweigen zu bringen. Was beide „Zielgruppen" gemein haben: Sie lassen sich nicht mit ausgeklügelten, logischen Argumentationssträngen und wohl formulierten Erklärungen in ihre Schranken weisen, sondern am hilfreichsten sind kurze, knappe Ansagen. Fangen Sie nicht an, sich zu rechtfertigen oder in lange Erklärungen zu verstricken, das bietet Ihrem Gegenüber zu viele Anknüpfungspunkte, die gegen Sie verwendet werden können.

„Ach, lies doch gar nicht erst weiter. Das kannst du nicht lernen. Manche Menschen haben es einfach drauf. Du aber nicht. Also, versuch's erst gar nicht."

Wenn Sie angegriffen werden, atmen Sie erst mal ruhig ein und aus und nutzen Sie diesen kurzen Augenblick für die Überlegung: Was will ich erreichen? Möglichst ruhig fortfahren und schnell zum Thema zurückkehren? Den anderen mundtot machen und ihm endlich mal zeigen, wo der Hammer hängt? Es hängt von Ihrem Ziel ab, auf welche Technik Sie am besten zurückgreifen.

## Schlagfertigkeitstechniken

Stellen Sie sich vor, jemand will Ihren Änderungsvorschlag einfach abbügeln mit der Phrase: „Das haben wir noch nie so gemacht."

Dann können Sie mit dem *Cooldown-Konter* reagieren und die Sache kurz und knapp richtig stellen: „Das ist kein sachliches Argument, es weiter so zu machen. Ich schlage vor, wir kommen wieder auf's Thema zurück."

Andere Möglichkeit: Sie sprechen mit dem *Benennungs-Konter* an, was hier aus Ihrer Sicht passiert: „Mein Eindruck ist, dass mein Vorschlag einfach weggewischt werden soll, ohne ihn gründlich zu besprechen."

Dritte Alternative: Der *Rückfrage-Konter* – eine meiner liebsten Schlagfertigkeitstechniken, weil es so gut wie immer möglich ist, eine Rückfrage zu formulieren, egal, wie blöd die Bemerkung auch war. Abgesehen davon braucht man nicht allzu viel Kreativität. Selbst wenn man mal nicht so gut drauf ist, kriegt man eine Frage immer noch hin. Ein sehr beruhigendes Gefühl. Und noch etwas spricht für diese Methode. Sie geben den Ball wieder zurück, den Ihnen der Angreifer zugeworfen hat, sobald Sie die Rückfrage gestellt haben. Wertvolle Zeit für Sie, nachzudenken, wie Sie weiter reagieren wollen. Da die meisten Menschen in Kindheitstagen geeicht wurden auf den Satz „Antworte, wenn ich dich was frage“, ist die Wahrscheinlichkeit sehr hoch, dass Ihr Gegenüber auf Ihre Rückfrage eingehen wird. Beim Angriff „Das haben wir schon immer so gemacht“, könnte Ihre Rückfrage schlicht lauten: „Warum eigentlich?“ Oder wenn Sie ein wenig Öl ins Feuer gießen wollen, fragen Sie frech: „Sie sehen also keine Möglichkeit, sich hier weiterzuentwickeln?“

Möglich ist auch *humorvoll-ironisch* zu reagieren, um zu zeigen, dass Sie merken, wie der Hase läuft und es dem anderen offensichtlich nicht um ein gutes Gespräch geht, sondern vielmehr darum, die Diskussion ins Leere laufen zu lassen. Eine Reaktion wäre dann: „Was für eine konstruktive Aussage – Kompliment.“ Oder wenn Sie Zähne zeigen wollen, dann beißen Sie mit dem *Haifisch-Konter* zu: „Dann erklären Sie mal, warum wir unsere Fehler stets wiederholen sollen?“

An den Beispielen wird deutlich, warum es wenig Sinn macht, bei dummen Sprüchen, Beleidigungen und Provokationen ernsthaft zu argumentieren. Wenn Sie sehr ausführlich reagieren, bieten Sie zu viel Angriffsfläche und wirken getroffen. Mit anderen Worten: Der Angreifer hätte sein Ziel, Sie emotional zu verunsichern, erreicht.

### Icke-Knebel-Trick Nr. 13: Clever kontern

Wenn Sie die gerade vorgestellten Schlagfertigkeitstechniken in Ihrem Repertoire haben, können Sie diese bei Provokateuren im täglichen Leben, aber auch beim Obermiesmacher Icke einsetzen. Wie wär's mit einem Technik-Training? Was sagen Sie, wenn Sie folgende Sprüche hören:

ANGRIFF: Man wird dich für verrückt halten.

IHR KONTER: ____________________

ANGRIFF: Du hast ja nicht mal studiert.

IHR KONTER: ____________________

ANGRIFF: Sie erzählen aber einen solchen Mist!

IHR KONTER: ____________________

Lösungsvorschläge finden Sie auf S. 183.

Weitere Beispiele und Übungen für Kontermöglichkeiten finden Sie in meinem Buch *Lizenz zum Kontern. Rhetorische Selbstverteidigung im Job.*

## Gewissensbisse

Noch eine Warnung: Rechnen Sie damit, dass Sie im besten Falle für Ihren Konter Schweigen oder einen überraschten Gesichtsausdruck ernten. Mit Standing Ovations nach dem Motto „Toll, dass du dich mal wehrst" oder „Klasse, wie du mein Scheinargument entlarvt hast ..." ist nicht zu rechnen. Die Freude wird sich auf der Gegenseite in Grenzen halten. Ihr innerer Kritiker wird gegebenenfalls noch einen Zahn zulegen und Ihnen dieses „Wahnsinns-Risiko", das Sie mit einem schlagfertigen Konter eingehen, eindringlich vor Augen halten. Er ist ein Meister darin, Ihnen ein schlechtes Gewissen zu machen. Haben Sie sich endlich einmal gewehrt und schlagfertig reagiert, so wie Sie es lange schon vorhatten, ist das aus Ihrer Sicht ein Grund zur Freude. Glückwunsch! Und aus Ickes Sicht? Machen wir uns keine Illusionen. Er gehört nicht zu den Gratulanten, sondern appelliert an Ihr Gewissen:

„Das war viel zu hart von dir heute. Du bist so was von übers Ziel hinausgeschossen. Du hast überreagiert und dem armen Kollegen ganz schön eins vors Schienbein gegeben. Der wird sich jetzt sooo schlecht fühlen. Das war nicht fair von dir. Der Arme wusste gar nicht mehr, was er sagen sollte. Bist du jetzt zufrieden, dass andere wegen dir leiden ...? Was bist du nur für ein egoistischer Mensch!"

Derlei hartnäckige Versuche, Ihnen Ihren Erfolg madig zu machen, startet Icke sehr gern abends. Der Trubel des Tages ist vorbei, man kommt zur Ruhe und kurz vor dem Einschlummern, in einem Zustand relativer Wehrlosigkeit, schlägt seine Stunde. Jetzt kann er mit hoher Trefferquote diese nagenden Gedanken platzieren und Sie vom Einschlafen abhalten.

Ist irgendwie nachvollziehbar, dass Icke nicht locker lässt. Wer lässt sich schon gern sein Spielzeug wegnehmen? Nichts anderes tun Sie, wenn Sie sich nicht mehr als Zielscheibe für seine Angriffe zur Verfügung stellen.

Wenn Icke sich so heftig wehrt, heißt es: dran bleiben, auf gar keinen Fall einstimmen in die Asche-auf-mein-Haupt-Litanei! Nehmen Sie seine Reaktion als Bestätigung dafür, dass Sie auf dem richtigen Weg sind! Feiern Sie Ihren Erfolg!

### Icke-Knebel-Trick Nr. 14: Ein Mantra wählen

Legen Sie sich ein Mantra zurecht, das Sie unablässig wiederholen, wenn der Icke-Angriff sich ankündigt.

Ein Mantra könnte sein: „Ich schütze mich", „Kontra zu geben ist wichtig und richtig", „Icke, du erzählst Blödsinn", „Ich bin mir wichtig" oder „Icke, du hast Sendepause". Das bleibt natürlich Ihrem Geschmack überlassen und ist auch abhängig von der Achillesferse, an der Icke Sie immer wieder packt.

Denken Sie daran: Sie haben das Recht sich zu verteidigen, wenn man Ihnen zu nahe kommt, Sie verletzt, Sie bloßstellt, sich auf Ihre Kosten amüsiert oder Ihre Grenzen nicht achtet. Das heißt, wenn man *Sie* nicht achtet. Erich Kästner beschreibt es so:

> „Was auch immer geschieht:
> Nie dürft ihr so weit sinken,
> von dem Kakao,
> durch den man euch zieht,
> auch noch zu trinken!"

Blöde Bemerkungen, dumme Sprüche, provokante Sätze – das ist es auch, was viele Menschen vor öffentlichen Auftritten, dem Thema des nächsten Kapitels, zurückschrecken lässt. Die Furcht vor den Reaktionen der Zuhörerinnen und Zuhörer nennen die meisten als einen wesentlichen Aspekt, der ihnen in Vorbereitung auf den Auftritt Sorgen bereitet oder sogar starke Ängste auslöst. Die Befürchtungen, auf Fragen keine Antwort zu wissen und sich heftig zu blamieren, versteht Icke bestens am Leben zu halten.

„Die werden alle sofort merken, wie unsicher du bist, und dann werden Sie dich in die Zange nehmen. Sie werden dir beweisen, dass du da auf der Bühne eine totale Fehlbesetzung bist."

Beim Nachdenken über die möglichen Reaktionen des Publikums verlieren viele aus den Augen, dass es nicht halb so viel anrichten kann, wie der größte Sprücheklopfer aller Zeiten. Mein Tipp für Sie: Wenn Sie ihn im Auge behalten, den einen oder anderen in diesem Buch vorgestellten Knebel-Trick anwenden und Icke damit immer öfter bändigen, wird der Umgang mit den Reaktionen der Zuschauer und Zuschauerinnen, wie auch immer sie ausfallen, für Sie ein Kinderspiel sein. Versprochen!

# 6. Treten Sie stark auf
# ... und werfen Sie Icke von der Bühne

„Studien haben nachdrücklich gezeigt, dass die Angst Nummer eins des Menschen das öffentliche Reden ist. Angst Nummer zwei ist der Tod“, so der kanadische Kommunikationsberater Eric Bergman. Auch von Seminarteilnehmerinnen und -teilnehmern höre ich immer wieder, dass Gefühle wie Angst, Beklemmung und sogar Panik für sie eng mit dem Thema Auftritt verbunden sind.

Ist es bei Ihnen ähnlich, wenn Sie nur daran denken, vor einer Gruppe zu sprechen? Selbst wenn die Furcht nicht so extrem ausgeprägt ist, kennen doch viele Menschen Unwohlsein, Herzklopfen, schweißnasse Hände und verwirrte Gedanken, sobald sie vor Publikum treten.

## Überzeugende Präsentation

Als Kind war das nicht so. Da machte es noch großen Spaß, anderen ein Lied vorzusingen, stolz das Spielzeug vorzuführen oder zu zeigen, welch tolle Kunststücke man gelernt hat. Je älter man wird, desto mehr kommt diese Freude, sich vor Publikum zu präsentieren, abhanden. Icke zieht alle Register, um aus einer ursprünglich freudigen Situation eine angstbesetzte zu machen.

„Reden vor Leuten, das liegt dir nicht. Oder gab's schon mal ein richtiges Redetalent in der Familie? Nee? Also!“

Überzeugungen wie diese verschlagen Rednerinnen und Rednern hör- und sichtbar Stimme und Stimmung. Ickes Interventionen führen zu Kurzatmung, verkrampfter, enger Körpersprache und unfreundlicher Mimik. Nur dumm, dass Stimme und Körpersprache für einen überzeugenden Eindruck von so enormer Bedeutung sind. „Ja, aber bei Wissenschaftlern ist das doch anders. Da kommt es vor allem auf den Inhalt an, den man präsentiert", so der Einwand eines Mannes aus dem Publikum bei einem meiner Vorträge über Schlagfertigkeit in der Berliner Urania. Ich hatte gerade das Modell der Überzeugungspyramide vorgestellt (siehe Grafik), eine Untersuchung von Albert Mehrabian, Professor an der University of California. Er hatte 1971 in dem Artikel „Silent Messages" beschrieben, dass die Überzeugungskraft bei einem Auftritt vor Publikum zu lediglich 7 Prozent über den Inhalt der Worte läuft, zu 38 Prozent aber über die Stimme und zu sage und schreibe 55 Prozent über die persönliche Ausstrahlung, also Körpersprache, Mimik, Gestik, Blickkontakt.

**Die Überzeugungspyramide nach Albert Mehrabian**

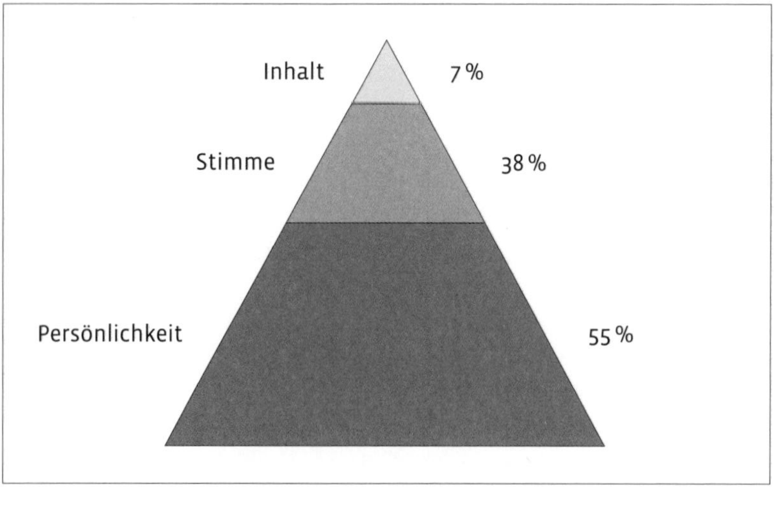

Ich antwortete auf den Einwand zugegeben ein wenig provozierend und in einem flüsternden, aber für alle gut verständlichen Ton: „Psst, muss aber unter uns bleiben. Wissenschaftler sind auch Menschen.“ Der Zuhörer hatte Humor und konnte schmunzeln.

Ich kenne diesen Einwand nur zu gut. Je nachdem, vor welcher Gruppe ich spreche, höre ich „Ja, aber, die Lehrer, die ticken da ein bisschen anders ...“, „Ja, aber die Journalisten, die hören schon mehr aufs Wort“ oder „Ja, aber die Mediziner, die haben gelernt ...“

Egal, welche Zielgruppe nach der „Ja, aber ...“-Einleitung genannt wird, für alle gilt: Kaum jemand ist gewillt, einer noch so tollen Koryphäe zu lauschen, wenn diese in krächzendem Ton die aktuellen wissenschaftlichen Erkenntnisse kundtut. Niemand nimmt einem Sprecher die angeblich jahrelange Erfahrung ab, wenn der es nicht fertigbringt, Blickkontakt zu seinem Publikum zu halten. Das weiß auch Icke, deshalb konzentriert er sich mit seinen Störversuchen so sehr auf Ihre Ausstrahlung und Sprechweise.

„Hör auf, dich anzustrengen.
Deine Stimme ist und bleibt dünn. Du bist
einfach immer schlecht zu verstehen.“

Geringer Aufwand – große Wirkung lautet Ickes Gleichung. Ein blöder Spruch, eine wenig hilfreiche Überzeugung, die er Ihnen ins Ohr plärrt, und schon können Sie am eigenen Leib erleben, wie erfolgreich er mit seinen Attacken ist.

Und das Publikum kriegt es natürlich mit. Bewusst oder unbewusst senden Sie „dank“ brüchiger Stimme, nervösen Händen oder verkrampfter Körperhaltung die Botschaft: Ich bin unsicher, ich kenn’ mich nicht aus, ich trau mir wenig zu. So stellt sich für die Zuhörenden die Frage: Warum sollten wir dem Redner oder der Rednerin etwas zutrauen oder gar vertrauen, wenn er oder sie das noch nicht mal selbst macht?

## Das Publikum fühlt, was der Redner fühlt

Als Zuhörerin oder Zuhörer werden auch Sie zweifeln, ob die Souveränität wirklich da ist, wenn der Referent oder die Referentin permanent mit dem Kuli Knipsgeräusche macht oder auf der Bühne unentwegt auf und ab läuft. Dieses Hin und Her mag bei einem Tennisspiel in Ordnung sein. Bei einem Vortrag macht so was die Zuhörenden kirre. Über die Spiegelneurone sind Menschen in der Lage, Empathie zu entwickeln, zu fühlen, was der andere fühlt. Ich verspreche Ihnen: Wenn Sie im Publikum sitzen und Ihre Spiegelneurone nur einigermaßen gut beieinander sind, verspüren Sie über kurz oder lang den dringenden Wunsch, an eine Sauerstoffmaske angeschlossen zu werden, weil das Gewusel auf der Bühne unweigerlich auch bei Ihnen zu einem Anfall von Atemnot führt.

Seitdem der Italiener Giacomo Rizzolatti 1995 die Spiegelneurone entdeckt hat, weiß man, wie Einfühlung funktioniert. Spiegelneurone sind Nervenzellen, die im Gehirn während der Betrachtung eines Vorgangs – also zum Beispiel beim Verfolgen einer Rede – die gleichen Potenziale auslösen, wie sie entstehen, wenn dieser Vorgang nicht bloß beobachtet, sondern selbst erlebt wird. Die Zellen können sich also das, was man bei einem anderen Menschen sieht, so einprägen, dass man selbst fühlt, was der andere fühlt. Der Neurobiologe Joachim Bauer sagt dazu: „Überall, wo Leute zusammen sind, passiert es mit größter Regelmäßigkeit: Menschen steigen auf Stimmungen und Situationen, in denen sich andere befinden, emotional ein und lassen dies durch verschiedene Formen der Körpersprache auch sichtbar werden, meist dadurch, dass sie die zu einem Gefühl gehörenden Verhaltensweisen unbewusst imitieren oder reproduzieren."[15]

Eine Klientin berichtete, dass sie dieses Phänomen schon oft erlebt habe. Da sie bei längeren Reden Probleme mit der Atmung hat und sich dann zunehmend räuspern muss, fällt ihr auf, dass auch das Publikum verstärkt zu hüsteln beginnt.

## Action speaks louder

Für den überzeugenden Auftritt heißt das: Finden Sie heraus, wie Sie, wie Ihr Körper, Ihre Mimik, Ihre Gestik und Ihre Stimme auf andere wirken. Holen Sie ein Feedback ein, indem Sie den Freundeskreis oder Kollegen um eine Rückmeldung bitten, Sie sich selbst mit der Videokamera beobachten oder einen professionellen Auftrittscoach zu Rate ziehen. Ihr Körper spricht Bände, ob Sie es wollen oder nicht. Paul Watzlawick sagt: „Man kann nicht nicht kommunizieren" und die Amerikaner bringen es auf die Formel: „Action speaks louder than words".

Wer sich unwohl in seiner Haut fühlt, signalisiert dies unweigerlich: zum Beispiel durch den gesenkten Blick oder ein stetiges Auf- und Abwippen mit den Füßen. Eine weitere Marotte ist vornehmlich bei männlichen Sprechern zu beobachten. Mindestens eine Hand wandert während des Auftritts in die Hosentasche. Die Hoffnung dabei: Das soll cool wirken. Für mich als Coach ein klares Zeichen dafür, dass die herbeigesehnte Sicherheit nicht da ist. Der arme Mann sucht intuitiv was zum Festhalten und Verbergen. Nach dem Motto: Ist die Hand erst mal aus dem Blickfeld, kann man sie auch nicht mehr deuten. Falsch gedacht. Der Anblick spricht Bände. Das Gefummel lenkt darüber hinaus das Publikum ab. Die Hand, eben noch eine Geste vollführend, wandert langsam, zu einer Art Schnabel geformt, an die Seite des Körpers, um dann den hinteren Schlitz des Sakkos als Wegweiser zu suchen, der wiederum die Zuflucht ins Innere der Tasche weist. Die Hand versenkt sich, um im nächsten Moment wieder heraus zu ploppen, weil, hoppla, – da ist der Redner selbst von sich überrascht – es kommt ein Satz aus seinem Mund, der ihm wichtig ist, so wichtig, dass die Hand wieder gebraucht wird, um die Bedeutung des Gesagten hilfreich zu untermalen. Die Zuhörer atmen auf, genießen die synchronen, prägnanten Gesten beider Hände. Doch die Entspannung hält nicht lange an, und schon zieht sich die Hand wieder flugs zurück, sucht den Sakkoschlitz, um ..., na ja, Sie kennen den Weg. Die Hand-in-Tasche-Unsitte ist sehr verbreitet. Ich höre schon Einwände, die in dasselbe Horn wie Icke blasen:

*„Ja, aber Gerhard Schröder, der hat das auch immer gemacht."*

Genau, und deshalb wurde er Kanzler ... oder welche Schlussfolgerung soll man aus diesem „Ja, aber-Einwand" ziehen!?

## Das Komfortzonen-Paradox

Einwand Nummer 2: „Das fühlt sich aber komisch an", ist die typische Reaktion, wenn ich empfehle, die Arme anzuwinkeln, die Hände locker ineinander zu legen, möglichst oberhalb der Gürtellinie. „Ja", sag ich, „das ist immer so bei Dingen, die ungewohnt sind. Haben Sie deshalb aufs Autofahrenlernen verzichtet, weil Sie es am Anfang unangenehm fanden, die Kupplung kommen zu lassen?"

Manch einer lässt sich davon überzeugen. Andere, bei denen Icke sehr stark wütet, haben Schwierigkeiten, sich selbst zu erlauben, einmal etwas Neues auszuprobieren. Icke wittert Fortschritt. Und das ist wiederum eine Richtung, die ihm ganz und gar nicht behagt, weil Menschen dadurch sicherer, zuversichtlicher und stärker werden könnten. Deshalb funkt er schnell dazwischen:

*„Komm, lass mal. In deinem Alter noch umgewöhnen, nee, nee. Was Hänschen nicht lernt ..."*

Der TV-Veteran und amerikanische Präsentations-Coach Jerry Weissman nennt diesen Widerstand gegen neue Körperhaltungen das Komfortzonen-Paradox: Was sich für Sie unangenehm anfühlt, sieht fürs Publikum sehr angenehm aus. Was sich für Sie als Rednerin oder Redner angenehm anfühlt, wirkt aufs Publikum unangenehm.

All die Haltungen, die viele nur zu gern einnehmen – die schon beklagten Hände in den Hosentaschen, vor dem Körper verschränkte Arme oder schräg gelegte Köpfe – mögen für den einzelnen ganz angenehm sein, sie wirken auf die Beobachtenden alles andere als souverän und sicher. Es lohnt sich, über den eigenen Schatten zu springen und hier neue Gewohnheiten zu etablieren, auch wenn Icke Sie aus bekannten Gründen dazu bringen will, bloß nicht von alten Verhaltensmustern abzurücken.

„Was du möchtest und was du kannst, das sind zwei paar Stiefel. Merk dir: Kinder mit 'nem Willen, kriegen was auf die Brillen."

Auch wenn Ihr Sprücheklopfer sich wieder mächtig ins Zeug legt, dagegen ist ein Kraut gewachsen. Ab sofort darf er nicht mehr einfach dazwischenfunken, wann und wie es ihm passt. Nein, Sie geben die Zeit vor, ob und wann er „vorsprechen" darf. So verderben Sie ihm garantiert den Spaß:

### Icke-Knebel-Trick Nr. 15: Die Störversuche vertagen

Icke muss lernen, dass Sie nicht mehr gewillt sind, nach seiner Pfeife zu tanzen. Statt ihm und seinen negativen Gedanken zu folgen, vertagen Sie seine Störversuche. Wie wär's mit folgender Ansage: „Ach, du bist es schon wieder, Icke. Du, das passt mir jetzt gar nicht, ist ganz ungünstig – ich habe hier gerade 'ne wichtige Sache, und da kann ich dich nicht gebrauchen. Melde dich später, um 19 Uhr, nee, besser 19.15 Uhr, da könnte es gehen. Ich hab dann was gegessen und dann kannst du sagen, was du willst. Jetzt nicht. Tschüss, Icke."

## Kennen ist nicht Können

Wie groß Ickes Einfluss ist, wenn man ihn sich nicht konsequent vom Hals hält, beobachte ich oft im Coaching. Immer wieder kommen Menschen zu mir, die ein wandelndes Rhetorik-Lexikon sind und sämtliche Auftrittsregeln in- und auswendig kennen. Trotzdem wenden sie diese im Fall der Fälle nicht an. Auf eine Formel gebracht: Kennen heißt nicht, es auch zu können. Denn die Aufregung, resultierend aus schädlichen Überzeugungen wie „Ich bin nicht dafür geboren ...“, „Meine Auftritte sind immer peinlich ...“, „Alle werden sich langweilen ...“ etc., die Icke fleißig am Leben erhält, macht ihnen einen Strich durch die Rechnung.

Warum hält Icke so stark an Gewohnheiten fest? Er weiß: Mit einem befreiten Auftritt, mit aufrechter Körperhaltung, raumgreifender Gestik, angenehmer Tonlage können Sie ganz schön viel Boden gutmachen. Wo bleibt da noch Platz für ihn? Rechnen Sie damit, dass er alle Hebel in Bewegung setzt, damit Sie alles beim Alten lassen, bloß nicht ausprobieren oder gar trainieren, was noch an Möglichkeiten für Sie drin sein könnte.

„Du und sicher auftreten? Ha! Genauso gut könnte man versuchen, einem Schwein das Pfeifen beizubringen.“

Er hat es lieber, dass Sie sich kleinmachen, Ihre Bewegungen einschränken, am besten unsichtbar werden. Schauen Sie sich mal um, wenn andere Reden halten. Da können Sie förmlich sehen, wie sehr der jeweilige Miesmacher das Zepter schwingt. Typische Icke-Einflüsse: Arme eng an den Oberkörper gelegt, als seien sie dort angetackert, nur die Unterarme dürfen ein bisschen agieren. Der Kopf ist leicht gesenkt, die Augen sind auf den Boden gerichtet.

Icke sieht es nicht gern, wenn Sie an Größe gewinnen, gar über sich hinaus wachsen. Er ist darauf spezialisiert, Spannungen zu erzeugen und dadurch Ihre Muskeln dazu zu bringen, sich zusammenzuziehen.

Je entspannter, je lockerer Sie sind, desto schwieriger für Icke, Sie zu packen. Wer locker ist, atmet tiefer, ist kraftvoll, voll da und weniger angreifbar. Oder um es mit Christian Morgenstern zu sagen:

„Der Körper ist der Übersetzer der Seele ins Sichtbare."

Um Körper und Stimme „ickefest" zu machen, empfehle ich ein Ritual, das sich aus vier Schritten zusammensetzt und direkt vor dem Auftritt anzuwenden ist.

**Icke-Knebel-Trick Nr. 16: Das Aufwärm-Ritual**

1. Starten Sie damit, das Zwerchfell durch Hüsteln oder, noch besser, durch Lachen zum Hüpfen zu bringen, um die für die Atmung entscheidende Muskulatur aufzuwärmen.
2. Nun gilt es, Ihre optimale Tonlage, den Eigenton (s. S. 75 f.), zu finden. Dies geht einfach, indem Sie ein paar Mal ein „mmmh" sagen, also in etwa das Geräusch, das Sie am Telefon beim Zuhören von sich geben.
3. Suchen Sie auf der Bühne den festen Stand, und überprüfen Sie Ihre Körperhaltung. Ist Sie aufrecht, oder hängt Ihnen Icke im Nacken und will, dass Sie den Kopf einziehen?
4. Atmen Sie tief in den Bauch ein – das gibt die nötige Weite – und legen Sie los.

Ickes beharrliche Einmischungen zeigen bei Auftritten besonders deutlich Wirkung: der Mund ist trocken wie die Wüste Gobi, das Herz schlägt bis zum Hals, die Knie werden wacklig. Alle Vorsätze, die Sie im Laufe des Lebens über souveränes Sprechen gefasst haben, sind weg und haben der Panik Platz gemacht. Von wegen überzeugender Eindruck! Für viele heißt es dann nur noch: irgendwie durchkommen – möglichst schnell. Und, Sie können es sich vorstellen, mit solch einer Haltung wird jeder Vortrag zu einem mehr oder weniger großen Fiasko.

## Das limbische System

Wenn's hart auf hart kommt, brennt sich ein negatives Auftrittserlebnis so ins Hirn ein, dass künftig allein schon der Gedanke an Auftritte irgendeiner Art, und sei es zum Beispiel nur, sich in einer Runde Unbekannter kurz vorzustellen, enorme Stressgefühle auslösen kann.

In Sekundenbruchteilen gleicht das Gehirn die aktuelle Situation mit abgespeicherten Erinnerungen ähnlicher Ereignisse ab. Immer dann, wenn dadurch ungute Erfahrungen wachgerufen werden, schrillt die Alarmglocke. „Als gefährlich werden Situationen eingeschätzt, die früheren Situationen gleichen, welche zum Beispiel vom Betroffenen selbst oder von bedeutsamen Bezugspersonen nicht zu bewältigen waren oder bei denen der Betroffene keine Hilfe von anderen erhielt; oder bei der bedeutsame Bezugspersonen deutlich gemacht haben, dass sie dem Betroffenen eine Bewältigung nicht zutrauen.“[16] Panik vor dem Auftritt – man könnte auch sagen: Die Amygdala (Mandelkern) arbeitet zuverlässig. Im Großhirn und im so genannten limbischen System werden Bewertungen vorgenommen. Angstbesetzte Erfahrungen prägen sich besonders intensiv ein und werden in einer Region des limbischen Systems, eben der Amygdala, gespeichert. Von hier gehen zahlreiche Nervenzellen in die Großhirnrinde, sodass die Amygdala das Großhirn, in dem das rationale Denken stattfindet, mit Informationen versorgt. Nehmen die Nervenzellen des Mandelkerns eine Gefahr wahr, setzen sie an ihren Synapsen große Mengen des Botenstoffs Glutamat frei. So werden wiederum der Hypothalamus (eine wichtige Schaltzentrale im Gehirn, die u. a. die Hormonproduktion reguliert) und die Alarmzentren des Hirnstamms alarmiert. Die Folge: Noradrenalin wird freigesetzt und Puls, Kreislauf, Blutdruck und Atmung werden aktiviert. Manchmal sind diese Wirkungen so stark, dass die Vernunft ausgeknockt wird, man keinen klaren Gedanken mehr fassen kann und einen regelrechten Blackout hat.

## Emotionen managen

Um diesen Kreislauf zu durchbrechen, lege ich mein Augenmerk beim Coaching auf das Emotionsmanagement und damit auch auf den Umgang mit dem inneren Kritiker. Nur wenn man in einem ressourcevollen Zustand ist, hat man all die Fähigkeiten, das Wissen und die Talente zur Verfügung, um punktgenau die erwünschte Leistung zu bringen. Insbesondere um extremen Stress und Panik bei Auftritten aller Art abzubauen, bewährt sich nach meiner Erfahrung die Wingwave-Methode. Als zertifizierter Coach nutze ich diese Herangehensweise gern, weil sie zielgerichtet ist und schon nach wenigen Sitzungen Erfolge erkennbar sind. Erreicht wird dieser Ressourcen-Effekt durch eine einfach erscheinende Grundintervention: das Erzeugen von „wachen" REM-Phasen (Rapid Eye Movement). Das sind Phasen mit schnellen Augenbewegungen, die man sonst nur im nächtlichen Traumschlaf durchläuft. Dazu winke ich mit zwei Fingern vor den Augen des Coachees waagerecht hin und her. Expertinnen und Experten vermuten, dass der positive Effekt dieser Stimulationstechniken durch die Bahnung einer optimalen Zusammenarbeit zwischen beiden Gehirnhälften und somit aller Gehirnareale entsteht. In der Sitzung erlebt der Coachee, dass er auf diese Weise in sehr guten Kontakt mit seinen mentalen Ressourcen gebracht wird und somit den Zugang zu vernünftigem Handeln wiederfindet.[17] Darüber hinaus suchen wir nach hilfreichen Überzeugungen und stärken diese.

„Du weißt genau, dass solche Psychomethoden bei dir sowieso nichts bringen. Lass die Finger davon. Deine Kollegen werden dich für verrückt halten und deine Freunde und Familie erst recht."

Genau! Wäre ja noch schöner, wenn das Leben so einfach wäre, was Icke? Das widerspricht sämtlichen Glaubenssätzen, die du uns Tag für Tag predigst ...

Ein weiteres extrem hilfreiches „Instrument“, um in einen besseren Zustand während eines Auftritts zu kommen, ist Ihr Publikum. „Häh?“, fragen Sie, „das Publikum ist doch gerade die Ursache meiner Nervosität. Zuhause, für mich allein, könnte ich locker und spritzig den Vortrag halten, aber wenn ich die Masse von Menschen sehe, dann werde ich nervös, unsicher, weiß nicht weiter.“ Nebenbei bemerkt: Sehr oft handelt es sich bei dem Begriff Masse eher um einen gefühlten, statt real messbaren. So muss damit nicht zwangsläufig ein Millionenpublikum gemeint sein. 50 Leute reichen manchmal schon aus, um diesen Masseneindruck zu erzeugen.

Gerade weil Ihr Publikum solch einen Einfluss hat, können Sie es gezielt für sich nutzen, indem Sie versuchen, so viele zustimmende Reaktionen wie möglich zu erhalten. Haben Sie je erlebt, wie wohltuend ein Kopfnicken, ein Lächeln, eine freundliche Mimik sein kann? Es beflügelt ungemein.

Beweis? Machen Sie mal als Zuschauer oder Zuschauerin den Test: Lächeln Sie einem Redner bewusst sehr freundlich zu, nicken Sie deutlich bei seinen Ausführungen, zeigen Sie klar Zustimmung. Jede Wette, er wird unbewusst immer wieder Ihren Blick suchen. Er spürt: Das tut gut, ermutigt und motiviert.

Wenn Sie eine Rede halten, setzen Sie sich daher am besten zum Ziel, möglichst viele Kopfnicker zu sammeln. Insbesondere zu Beginn Ihres Auftritts, um in den Redefluss zu kommen und Sicherheit zu gewinnen. Wie machen Sie das am besten?

Die wichtigste Voraussetzung ist – logisch – Blickkontakt. Man kann diesen Begriff wörtlich nehmen: kommen Sie über den Blick in

Kontakt mit Ihrem Publikum, indem Sie einzelne Zuhörer direkt anschauen und ansprechen, als führten Sie ein Gespräch unter vier Augen. Das hilft übrigens auch, um den von manchem als bedrohlich empfundenen Masseneffekt zu reduzieren, also das Gefühl als arme Socke ganz allein dieser großen Gruppe ausgesetzt zu sein. Wenn Sie etwas erzählen, sprechen Sie Einzelne aus dem Publikum so an, als handle es sich um ein „Privatgespräch", und achten Sie auf die Reaktionen. Stimmt man Ihnen zu und versteht man, was Sie meinen, werden die Angesprochenen entsprechend reagieren, lächeln oder mit dem Kopf nicken. Falls das nicht der Fall ist, justieren Sie beispielsweise mit folgenden Worten nach: „Oder um es anders zu sagen ..." , „Ich gebe mal ein Beispiel, dass das klarer macht ..." , „Vielleicht kennen Sie das ja auch ..." Wenn Sie in (Blick-) Kontakt mit den Zuhörenden bleiben, werden Sie sofort registrieren, wenn es Einwände gibt. Manchmal weiß man im Vorfeld, dass man auf Widerstand stoßen könnte. Dann nehmen Sie den Wind aus den Segeln, indem Sie zum Beispiel genau das zum Thema machen: „Manch einer meint jetzt sicher ...", „Man könnte ja auch dagegenhalten ...", „Zugegeben, das klingt sicher sehr merkwürdig ...". Zustimmende Signale sind die Folge.

„Bei dem Publikum, vor dem du sprichst, funktioniert das natürlich nicht. Zumindest nicht, wenn du so was probierst."

Icke gibt nicht auf. Doch ob's ihm passt oder nicht: Die Methode funktioniert bei allen Zielgruppen, so unterschiedlich sie auch sein mögen.

Der Blickkontakt ist einerseits eine wichtige Informationsquelle für Sie (stimmt das Publikum mir zu, werde ich verstanden?) und andererseits ein Ausdruck Ihrer Stärke. Die Fähigkeit, Blickkontakt zu haben und zu halten, wird unbewusst zum Gradmesser Ihrer Sicherheit. Die Kettenreaktion beginnt. Haben Sie Blickkontakt, ist die unbewusste Schlussfolgerung des Publikums: Aha, er oder sie ist sich sicher – wir können ihr oder ihm etwas zutrauen/Kompetenz zuschreiben – es lohnt sich ihm oder ihr zuzuhören. Die positiven Reaktionen des Publikums beflügeln wiederum Sie selbst. Die Sicherheit wächst, das Zutrauen ebenfalls. Zusätzlich kommen die Spiegelneurone ins Spiel. Das Publikum fühlt, was Sie fühlen, nämlich Ihre wachsende Sicherheit und kann Ihren Auftritt genießen, ohne sich fremdschämen zu müssen. Eine Win-win-Situation.

Apropos Auftritt genießen: Die Frage, wie Sie die nächste anstehende Präsentation bereits in einem optimalen Zustand starten können, beantwortet der nächste Knebel-Trick.

### Icke-Knebel-Trick Nr. 17: Positive Erfahrungen ankern

Erinnern Sie sich an einen Auftritt, beruflich oder privat, vor großer oder kleiner Runde, bei dem Sie sich in Ihrer Haut sehr wohl fühlten. Holen Sie diese Situation vor Ihr geistiges Auge: Wie standen Sie da, wie bewegten Sie sich? Wie war Ihre Körperhaltung? Die Gestik? Lassen Sie mich raten: Sie waren sehr aufrecht, entspannt, freundlich zugewandt, mit aktiver Beteiligung der Hände und Sie hatten Blickkontakt.

Derlei gute Erfahrungen sind Gold wert, weil sie wichtige Botschaften für Sie beinhalten. Erstens: Sie haben's grundsätzlich drauf vor anderen überzeugend zu reden. Zweitens: Die Erinnerung an diese Situation können Sie für Auftritte jeglicher Art nutzen. Rufen Sie dazu, bevor Sie eine Bühne betreten, noch einmal detailliert die Erinnerung an den gelungenen Auftritt auf. Tauchen Sie ein in dieses angenehme Gefühl von Bestätigung, Sicherheit oder was sonst für Sie damit verbunden ist. Wie genau macht es sich bemerkbar und wo im Körper spüren Sie dieses Wohlgefühl? Woran merken Sie, dass Sie ganz bei sich sind, kraftvoll, aktiv und sich wohl fühlen? Wenn Sie sich selbst betrachten, wie sehen Sie da aus? Wie ist Ihre Haltung? Wie genau stehen Sie da? Was ist mit Ihrer Mimik, Gestik, und wie halten Sie den Kopf? Übernehmen Sie genau diese Haltung beim kommenden Auftritt. Ja, vielleicht merken Sie sich auch den Klang Ihrer Stimme, die Betonung, die Lautstärke, wenn Sie sich wohlfühlen und sicher sind beim Sprechen vor anderen. Möglicherweise gibt es ein bestimmtes Sprechtempo, das gerade richtig ist für gelungene Reden, Gespräche, Präsentationen. All diese Erinnerungen können Sie für sich abspeichern mit dem Wissen, sie wie einen Anker immer bei sich zu haben, um sie bei nächster Gelegenheit vor einem aufregenden Auftritt abzurufen und für einen entspannten Zustand zu nutzen.

## Die Schokoladenseite zeigen

Manche Klientinnen und Klienten, die um die enorme Bedeutung und Wirkung von nonverbalen Signalen bei öffentlichen Auftritten wissen, fragen mich: „Welche Körpersprache soll ich zeigen, wenn ich dieses oder jenes sage?“ Sie meinen, dass man schauspielern muss, um zu überzeugen. Sie glauben, bestimmte Gestiken und Mimiken einstudieren zu müssen, die sie dann bei Wort X oder Satz Y abrufen. Doch darum geht es nicht. Sie brauchen keinen Schauspielunterricht. Statt dem Publikum etwas vorzuspielen, was Sie nicht sind, geht es viel mehr darum, Ihre Einzigartigkeit zu erkennen, wertzuschätzen und Ihre Schokoladenseite in den Mittelpunkt Ihres überzeugenden Auftritts zu rücken. Egal was Icke Ihnen hustet. Wer so voller Selbstvertrauen und Sicherheit ist, der legt automatisch einen nonverbalen Ausdruck voller Souveränität, Begeisterung und Überzeugungskraft an den Tag und zeigt sich in voller GRÖSSE. Icke bleibt nichts anderes übrig, als sich zu trollen.

## Neue Gewohnheiten

Neues zu lernen, geht selten von heute auf morgen, weil, so die Neurowissenschaft, zwischen den Nervenzellen bestehende Synapsen aufgelöst und neue gebahnt werden müssen. Erst die wiederholte Benutzung der neuen Synapsen stärkt die Verbindung so sehr, dass die neuen Gewohnheiten automatisch ablaufen können. Aber die Anstrengung lohnt sich. Je öfter Sie bewusst die neue Haltung einnehmen, desto angenehmer und natürlicher wird diese für sie werden, weil sich irgendwann der Automatismus einstellt, der wenig Energie und Anstrengung kostet.

Eben ein klassischer Lernprozess. Wann immer man sich etwas Neues aneignet, gilt es die vier Stufen des Lernens (nach Albert Bandura) zu erklimmen.

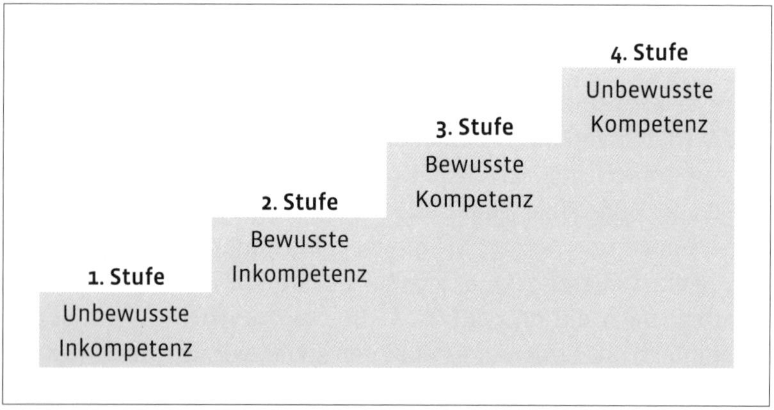


Auf Stufe 1, der Stufe der *unbewussten Inkompetenz*, weiß man noch gar nicht so genau, was man nicht kann. Beispiel Autofahren: Als Kind mache ich mir keinen Kopf, wie das genau geht. Vielleicht weiß ich schon, dass ich das mal lernen möchte, aber die Details kenne ich nicht. Spätestens in der ersten Fahrstunde erkenne ich, was ich alles noch nicht beherrsche, und oft tritt jetzt auch das erste Frustgefühl ein. Zweifel machen sich breit, ob ich das überhaupt jemals hinkriege. Aber immerhin, ich bin auf der 2. Lernstufe, die Stufe der *bewussten Inkompetenz*. Nach einigen Fahrstunden klappt es doch tatsächlich, das Fahrzeug in Bewegung zu setzen und es entsprechend der Verkehrsregeln von A nach B zu fahren. Es ist anstrengend, an alles zu denken, aber ich bin auf der Stufe 3, der *bewussten Kompetenz*. Ich weiß jetzt, wie es geht. Mit dem Führerschein in der Tasche und zunehmender Fahrpraxis wird es immer mehr zur Gewohnheit. Ich fahre automatisch, ohne mich bewusst daran erinnern zu müssen, die Kupplung kommen zu lassen und den Blinker zu betätigen. Ich bin angekommen auf Stufe 4, der *unbewussten Kompetenz*.

Wer lernt, souverän aufzutreten, erzielt zweierlei – ob nun vor der großen Gruppe, im Zwiegespräch mit dem Kollegen oder im Kundenkontakt: Gesprächspartner werden Ihnen erstens Sicherheit und Kompetenz zuschreiben und damit Vertrauen schenken, und zweitens fällt es Ihnen leichter, sich Gehör zu verschaffen für Ihre Inhalte.

Wie Sie diese prägnant und klar in Ihrem Sinne an den Mann oder die Frau bringen, lesen Sie im folgenden Kapitel.

# 7. Sagen Sie doch, was Sie wollen ... und lassen Sie sich von Icke nicht ins Handwerk pfuschen

Ausdrucksstarke Körpersprache, optimale Tonlage – und was ist mit dem Inhalt? Jetzt ist es langsam an der Zeit, genau darauf zu sprechen zu kommen, also auf die läppischen 7 Prozent, die neben den 38 Prozent für die Stimme und 55 Prozent für die Persönlichkeit unsere Überzeugungskraft ausmachen (siehe Überzeugungspyramide, S. 88). Manchmal frage ich Seminarteilnehmerinnen und -teilnehmer, die die Überzeugungspyramide gerade vor Augen haben: „38 plus 55 macht 93 Prozent Überzeugungskraft. Hey, ist das nicht ein super Wert ...? Reicht das nicht? Pfeifen wir doch auf die mickrigen 7 Prozent Inhalt!" Ist klar, das geht natürlich nicht. Die Überzeugungs-Pyramide ist ein Modell, das trennscharf die drei Bereiche Inhalt, Stimme und Persönlichkeit abbildet. So viel zur Theorie. Natürlich sind im richtigen Leben die Übergänge fließend und alle drei Bereiche entfalten erst miteinander ihre volle Wirksamkeit: Ein noch so toller körpersprachlicher Auftritt ohne Inhalt überzeugt genauso wenig wie ein mit verkniffener Miene, schlaffer Haltung und Wisperstimme vorgetragenes gut formuliertes und interessantes Thema.

Prägnante Inhalte mit entsprechender Ausstrahlungskraft und Stimmqualität präsentiert – das macht Eindruck. So stark, dass Icke angst und bange wird und er alles dran setzt, Sie möglichst früh vor Auftritten aller Art und wichtigen Gesprächen aus der Bahn zu werfen, um das Schlimmste aus seiner Sicht zu verhindern:

„Viel Show und nix dahinter. Du tust ja so, als wäre das von enormer Wichtigkeit, was du hier mitteilen willst. Mach bloß nicht so viel Wind, das sind nun wirklich keine neuen Erkenntnisse. Kalter Kaffee!"

Icke wäre nicht Icke, wenn er nicht mit allen Mitteln die Störanfälligkeit Ihrer Worte testen würde, die Sie bei Vorträgen nutzen, mit denen Sie im Vorstellungsgespräch für sich werben, die Sie verwenden, um ein Ihnen wichtiges Anliegen im Job zu vertreten oder die Sie sich für die Gehaltsverhandlung zurechtgelegt haben. Er nährt in Ihnen die Annahme, dass sich Ihr Gegenüber nicht die Bohne für Ihre Worte interessiert, dass Ihr Wunsch nicht berechtigt oder Ihr Angebot stinklangweilig ist. Ja, dass es überhaupt unwichtig, wertlos, uninteressant ist, was Sie beizusteuern haben. Er versucht, Sie soweit zu verunsichern, dass Sie nicht mehr mit voller Kraft hinter dem stehen können, was Sie „verkaufen" wollen. Und wenn Sie selbst nicht mehr davon überzeugt sind, wie soll es Ihnen dann gelingen, andere von sich bzw. Ihrem Vorhaben zu überzeugen?

## Von stummen Fischen und grauen Mäusen

Ickes Traumvorstellung ist, Sie ganz zum Schweigen zu bringen, sodass Sie sich berechtigte Forderungen verkneifen, Unangenehmes nicht mehr ansprechen, keine Werbung in eigener Sache betreiben. Und leider, leider ist er damit allzu oft höchst erfolgreich! Dann mimen Sie den stummen Fisch, beißen sich auf die Zunge, verzichten auf eine Wortmeldung. Eine ungünstige, um nicht zu sagen selbstschädigende Strategie, wenn Sie sich beispielsweise vorgenommen haben, im Job an Profil zuzulegen, die Geschäftsführung von einer Idee zu überzeugen oder für ein Projekt zu werben. Wer den Mund hält, tut sich damit keinen Gefallen. Beispiel Meetings: Wer sich wenig an einer Diskussion beteiligt, erhält logischerweise wenig Rückmeldungen. Infolgedessen beziehen sich andere kaum auf das Gesagte. Im Nu ist man außen vor. Eine demotivierende Erfahrung mit fataler Konsequenz: Menschen, die sich ohnehin schwer tun, sich Gehör zu verschaffen, werden noch weniger sagen und noch mehr zur grauen Maus mutieren, als sie es ohnehin schon sind. Und wer gibt grauen Mäusen prestigeträchtige Aufgaben oder Jobs? Zu allem Überfluss gießt Icke unaufhörlich Öl ins Feuer:

„Siehste, hier interessiert sich keiner dafür, was du denkst. Ist ja auch nicht wirklich spannend, was von dir kommt. Wie immer eben."

Sie können im Beruf noch so gut sein. Wenn Sie nicht dafür sorgen, dass andere das auch merken, ziehen Sie den Kürzeren. Zum beruflichen Erfolg gehört die Fähigkeit, verbal sicher aufzutreten.

## Sprachliche Weichspüler

Sollte es Icke nicht gelingen, Sie zum Schweigen zu bringen, zieht er Plan B aus der Tasche. Er lässt Sie auf sprachliche Weichspüler zurückgreifen, sodass Sie zwar etwas sagen, aus Ihrer ursprünglich deutlichen Ansage aber eine lauwarme Wischiwaschi-Rede voller Unklarheiten und vagen Andeutungen wird. Womöglich noch gespickt mit Selbstzweifeln aller Art. Das haut niemanden vom Hocker – es sei denn, die depressive Tonlage Ihres Beitrags versetzt andere derartig in Trance, dass sie eingeschläfert umfallen ...

Verbale Weichspüler schwächen die Aussagekraft, werten die eigenen Belange ab und vermitteln ein Bild der Schwäche. Weichspüler sagen Ihnen nichts? Dann habe ich Kostproben für Sie:

*Weichspüler Nummer 1:* Im Konjunktiv, der Möglichkeitsform, zu sprechen statt im Indikativ, der Wirklichkeitsform. Gut daran zu erkennen, dass sich Wörter wie könnte, dürfte, müsste, sollte, wäre, hätte einschleichen: „Wenn Sie mögen, könnte ich hier noch etwas sagen ...“ oder „Und es wäre sehr schön, wenn wir ein wenig mehr tun könnten ...“

Höflichkeit pur, meinen Sie? Da spricht doch nichts dagegen? Richtig, nur alles zu seiner Zeit. Wenn Sie keine Fragezeichen hinterlassen, wenn Sie ganz klar machen wollen, welche Botschaft beim anderen ankommen soll, dann sagen sie, was ist und nicht was eventuell ein kleines bisschen schön wäre, aber nur unter Umständen, wenn es sich gegebenenfalls irgendwie einrichten ließe ...

*Weichspüler Nummer 2:* Entschuldigungen. Kennen Sie das? Sie hatten sich vorgenommen, deutlich anzusprechen, was Sie stört, doch plötzlich haben Sie Angst, beim anderen könnte der Ärger oder die Enttäuschung zu groß werden. So schieben Sie vor Ihren Satz sicherheitshalber noch 'ne Entschuldigung: „Tut mir Leid, wenn ich jetzt etwas sage, was du nicht so gerne hörst ...“ Und weil es so gut ging, hängen Sie ans Satzende eine weitere Entschuldigung dran: „... aber bitte, bitte sei mir nicht böse, ich wollte dir jetzt auch nicht zu nahe treten, und ich meine es auch nicht so, wie sich das jetzt vielleicht für dich anhören könnte, und wenn ich dir irgendwie zu nahe gekommen sein sollte, dann tut es mir sehr Leid!“ Bei derartig heftigen Asche-auf-mein-Haupt-Duschen merkt auch der Letzte, dass man Sie nicht ernst nehmen muss. Den gleichen Effekt erzielen Sie mit Floskeln à la eventuell, eigentlich, vielleicht, irgendwie, manchmal, ein Stück weit ...: „Irgendwie geht mir das, glaube ich, ein bisschen zu weit. Vielleicht weißt du jetzt gar nicht so ganz genau, wie ich das eigentlich meine. Ist jetzt ja auch keine Kritik, nein, nein, irgendwie meine ich, na ja, also ...“

*Weichspüler Nummer 3:* Frageanhängsel. Sie sind anfangs felsenfest überzeugt: So geht's. Doch vor lauter Icke-Infiltrationen sind Sie sich am Ende des Satzes nicht mehr sicher, was Sie Ihrem Gegenüber unüberhörbar signalisieren, indem Sie die klare Aussage noch zu einer Frage werden lassen: „Das sollten wir so machen ...

oder?“, „Das entscheiden wir jetzt, nicht wahr?“, „Das ist der beste Weg, oder doch nicht?“

Sehr gut geeignet, um Ihre Überzeugungskraft extrem zu minimieren, ist auch *Weichspüler Nummer 4:* Hängen Sie Verkleinerungssilben an Wörter. Aus Tasse wird Tässchen, aus Blatt Blättchen, aus sehr wütend ein bisschen verwundert.

Kindersprache – wie süß! Kein Wunder, wenn man Sie dann nicht für voll nimmt. Echte Minimierungsexperten treiben das Ganze auf die Spitze, indem sie sich selbst und ihre Leistungen klein machen: „Ich bin ja noch nicht lange dabei ...“, „Ich kenne mich nicht so gut aus ...“, „Ich bin ja nur ... “, „Ich habe das nicht studiert ...“ oder „Ich habe gar nicht studiert ...“ Es gibt eine Reihe von Möglichkeiten, auch dem tumbsten Gegenüber klar zu machen, wie wenig Bedeutung man dem Inhalt Ihrer Worte beimessen muss. Es gibt nur einen, der sich über diese verbale Rumeierei wie Bolle freut. Und, oh Wunder, er warnt sogleich vor dem Gebrauch von klaren Worten:

„Wenn du so weiter machst, hast du am Ende alle gegen dich. Dann kannst du sehen, wo du bleibst."

Kann schon sein, dass weichgespülte Aussagen wie folgende besser in Ihrem Umfeld ankommen: „Jemand müsste mal wieder was bei Gelegenheit machen“, „Es scheint nicht ganz einfach zu sein, eine Regelung zu finden ...“ oder „Vielleicht wäre es ein Stück weit von Vorteil, etwas anderes irgendwann zu probieren.“

Das kommt gut an, weil niemand aufgrund solcher Aussagen seinen Hintern auch nur einen Millimeter bewegen wird. Wer hört daraus schon eine Handlungsaufforderung? Larifari-Sätze sind schön bequem für alle – außer für Sie. Denn Sie müssen am Ende alles selbst machen. Weil niemand verstanden hat, dass er was tun soll. Wenn Sie bei anderen eine Wirkung erzielen wollen, brauchen Sie eindeutige Ansagen.

**Icke-Knebel-Trick Nr. 18: Die Regie zurückerobern**

Ist Ihr innerer Kritiker überaktiv und schwingt er in Ihrem Leben allzu oft das Zepter, wird es Zeit, dass Sie wieder selbst die Regie übernehmen. Machen Sie es Ihrem Gehirn so leicht wie möglich, dieses Vorhaben auch umzusetzen, indem Sie sich bildlich vorstellen, wie Sie den Regiestuhl, auf dem es sich Ihr innerer Kritiker momentan noch bequem macht, zurückerobern. Starten Sie den Überraschungsangriff: Greifen Sie sich den Stuhl und kippen sie ihn nach vorn, sodass Icke unsanft zu Boden rutscht. Hier haben Sie leichtes Spiel, ihn zu knebeln und damit außer Gefecht zu setzen. Nun nehmen Sie genüsslich Platz in Ihrem Regiestuhl und sprechen zur Sicherheit in Ickes Richtung eine deutliche Warnung: „Freundchen, pass bloß auf und halt dich da raus, sonst zieh ich dir die Löffel lang. Das ist mein Leben, hier führe ich Regie und niemand sonst.“

Vielen ist nicht klar, wie sehr sie mit weichgespülten Sätzen ihr Anliegen vernebeln. Hilfreich ist, sich zum Beispiel von Kollegen Feedback nach einer Sitzung einzuholen oder sich selbst bei passender Gelegenheit mit Kamera oder Voice-Recorder aufzunehmen, um Selbst- und Fremdwahrnehmung miteinander zu vergleichen.

## Fehlende Feedbackkultur

Ein ganz typisches Anliegen meiner Coachees ist die Bitte um „ein ehrliches Feedback“. Sie wollen von mir hören, wie ich sie wahrnehme, wie sie wirken. Von den Kolleginnen und Kollegen bekommen sie nur selten oder gar keine Rückmeldung oder sie trauen ihr aus unterschiedlichen Gründen nicht. In vielen Unternehmen gibt es keine ausgeprägte Feedbackkultur. Die einen halten so was für Sozialklimbim. Die anderen kostet es zu viel Zeit oder sie sind unsicher, wie sie es in den Arbeitsalltag integrieren können.

Wer Feedback gezielt einsetzt, erlebt, wie wirksam dieses Instrument ist, um die Kommunikation und das Teamgefühl am Arbeitsplatz zu verbessern – besonders in schwierigen Situationen oder bei Meinungsverschiedenheiten. Im Arbeitsalltag ist Feedback ein wesentliches Hilfsmittel zur Verbesserung des Miteinanders. Eine Führungskraft kann beispielsweise auf diese Weise erfahren, wie sie von ihren Mitarbeiterinnen und Mitarbeitern gesehen wird. Diese wiederum erhalten Aufschluss darüber, wie die Führungskraft sie bzw. ihre Leistungen, Ergebnisse und Arbeitsweise wahrnimmt. Der Kollegenkreis kann sich durch Feedback gegenseitig wichtige Hinweise geben, und im Team lassen sich so leicht die Befindlichkeiten Einzelner klären. Feedback leistet wertvolle Dienste als gegenseitige Lernhilfe, im Kritikgespräch etc. Trotzdem lassen viele lieber die Finger davon. Die Angst, dass jemand eine Rückmeldung in den falschen Hals bekommt, ist groß. Icke verstärkt diese Befürchtung:

„Bei nächster Gelegenheit kriegst du dann alles zurück. Da kannst du dich warm anziehen. Prost Mahlzeit!"

Dabei ist es durchaus sinnvoll, auch Unangenehmes und Schwieriges anzusprechen. Möglichst zeitnah getreu der Regel: Jeder Konflikt war mal ein Konfliktchen. Wenn Sie aus Ihrem Herzen eine Mördergrube machen, wirkt sich das langfristig negativ auf die Kommunikation aus und ist aller Wahrscheinlichkeit nach auch schlecht für Ihre Gesundheit. „Denn was nicht herauskommt, bleibt innen drin und vergiftet die Beziehung von innen her. Faustregel: Gib dich nach außen hin nicht toleranter, als du innerlich bist."[18]

Feedback zu geben und zu erhalten ist zwar eine heikle, aber mit Berücksichtigung bestimmter Prinzipien gut zu handhabende Angelegenheit. Die meisten Menschen sind meiner Erfahrung nach dankbar für Hinweise und schätzen durchaus die Mühe, die sich der oder die andere gemacht hat. Weisen Sie Ickes Störversuche ab, der bereits Ihre Berechtigung, sich überhaupt zu äußern, penetrant in Frage stellt.

„Wer hat dich eigentlich nach deiner Meinung gefragt? Du bist so eine kleine Nummer und maßt dir an, den Mund aufzumachen. Kehr mal erst vor deiner eigenen Haustür."

Wenn Sie bei Ihrer Rückmeldung mit dem, was Ihnen positiv aufgefallen ist, beginnen, vergrößern Sie die Bereitschaft des Feedbacknehmers bzw. der -nehmerin, spätere Kritikpunkte zu akzeptieren. Ihr Gegenüber erkennt, dass Sie nicht herummosern möchten, sondern durchaus auch die starken Seiten wahrnehmen und anerkennen. Formulieren Sie grundsätzlich konkret, klar und verständlich. Achtung, Weichspülergefahr!

Es macht übrigens einen entscheidenden Unterschied, ob Sie zu einem Gesprächspartner „Du bist egoistisch, du lässt mich nie zu Wort kommen" sagen oder „Ich fühle mich nicht ernst genommen, und möchte gerne meine Meinung mitteilen". Das erste ist eine Du-Botschaft. Die zweite Variante, die Ich-Botschaft, ist die ehrlichere und auch schwierigere. Es ist leichter, dem Gegenüber Vorwürfe zu machen, als in sich hineinzuhorchen und das eigene Gefühl und vor allem die eigenen Erwartungen in Worte zu fassen. Icke reagiert auf Ich-Botschaften allergisch, denn die sind ein Beleg dafür, dass Sie mit sich selbst in Kontakt sind und wissen, was Sie brauchen oder auch nicht mehr haben möchten und dass Sie sich und Ihre Bedürfnisse ernst nehmen. Das läuft seinen Plänen zuwider.

„Hör mal, so zu reden, das liegt dir doch gar nicht. Außerdem ist das Sozialpädagogen-Gelaber, das funktioniert so nicht in der Praxis."

Menschen, die wissen und deutlich sagen, was sie wollen, lassen sich nur schwer in die Ecke drängen von Sprüchen und Anweisungen aus dem Hause Icke und Co. Ja, Pech gehabt, fieser, kleiner Miesepeter.

Wenn Sie sich doch von der Zweifleritis anstecken lassen und Sie unsicher sind, ob Ihnen ein solches Feedback wirklich gelingen kann, denken Sie dran: Nobody is perfect. Mir als Kommunikationstrainerin, die sich mit Themen wie diesen sehr häufig beschäftigt, rutscht bei großem Ärger auch schon mal ein suboptimaler Satz raus wie „Du hast mich wieder nicht gefragt!“ Dann gilt es sich selbst zu stoppen und auf Neustart zu gehen. Statt dem Gegenüber einen Vorwurf vor den Latz zu knallen, sage ich besser: „Was ich meinte ist, dass ich erwarte, dass wir die Planung absprechen und ich frühzeitig meine Ideen einbringen kann.“

Nicht nur beim Feedback, sondern grundsätzlich ist es eine Herausforderung, klar und deutlich zu sagen, was man möchte. Wer darauf verzichtet, muss sich nicht wundern, wenn er nicht richtig verstanden wird. Oder um es mit Popsängerin Madonna zu sagen:

> „Eine Menge Leute haben Angst zu sagen, was sie möchten.
> So bekommen sie auch nicht, was sie möchten.“

## Hin-zu statt Weg-von

Anstatt Erwartungen zu äußern, neigen manche Menschen dazu zu sagen, was sie *nicht* möchten. Nur dumm, dass Nicht-Formulierungen ein weiteres Beispiel für die Kategorie sprachliche Weichspüler sind. Die Crux an negativen Aussagen ist, dass eine konkrete Zielangabe fehlt. Es wird nur gesagt, was das Ziel *nicht* ist bzw. sein sollte, aber es fehlt eine klare Aussage, was stattdessen angestrebt wird. Und so lange die fehlt, muss man sich nicht wundern, dass sich gar nichts ändert – oder aber in eine andere, nicht gewünschte Richtung.

Der Grund für diese Nicht-Formulierungen ist oft ein verinnerlichtes Weg-von-Muster. Nach einem konkreten Ziel gefragt, antworten Weg-von-Orientierte: „Was ich nicht mehr will ...", „Was mich stört ...", „Was ich ablehne ...", „Was ich vermeiden möchte ..." oder „Wovon ich unbedingt weg will ...".

Hierzu fällt mir das Beispiel eines Klienten ein, der kürzlich bei mir im Coaching war. Auf die Frage nach seinem beruflichen Ziel antwortete er, dass er „auf gar keinen Fall mehr einen solchen Aufgabenbereich" haben möchte und „schon gar nicht so einen weiten Arbeitsweg" und „weg" wolle er vor allem von dieser Form der Teamarbeit. Alles klar? Wohl kaum. Durch seine Antworten ergaben sich jede Menge neuer Fragen. Wie können aus diesen vagen Angaben Schritte zu seinen Zielen abgeleitet werden? Welches Ziel überhaupt? Bei starker Weg-von-Orientierung gilt es, das Denken in die Hin-zu-Richtung zu bringen. Das lässt sich gut mit folgendem Wort erreichen: „Herr Schmidt, Sie wollen nicht X, nicht Y, nicht Z, *sondern ...?*" Schon kommen Hin-zu-Antworten, die in diesem Fall so lauteten: „Das Aufgabengebiet soll mit dem Fach, das ich auch studiert habe und in dem ich die meiste Erfahrung besitze, also Agrarwissenschaft, zu tun haben. Der Arbeitsweg sollte höchstens eine Stunde betragen. Und ich möchte mit einem Team arbeiten, mit dem ich persönlichen Kontakt habe, nicht nur virtuell übers Netz oder Telefon." Nun gab es konkrete Anhaltspunkte, die durch weitere Aspekte ergänzt in unsere Suchstrategie einfließen konnten.

## Nur *nicht* kleckern

Das Gehirn hat Probleme Nicht-Aussagen zu verstehen, weil es mit Bildern arbeitet. Für ein *Nicht* hat es kein Bild. Also wird es gelöscht. Beweis? Stellen Sie sich jetzt bitte *nicht* vor, dass sich Ihnen, während Sie dieses Buch lesen, von hinten ein grüner Elefant mit gelben Punkten nähert, stellen Sie sich auch *nicht* vor, wie er den

Rüssel ausstreckt, durch Ihr Haar wuselt und Ihnen dann das Buch wegschnappt. Stellen Sie sich das *nicht* vor, ich sagte: *nicht!!!*

Negative Aufforderungen führen zu dem Gegenteil von dem, was damit bezweckt werden soll. Deshalb funktionieren Diäten nicht, bei denen man sich vornimmt: „Ich will nicht mehr so viel essen." Daher scheitern Raucherentwöhnungen, die von dem Satz „Ich will nicht mehr rauchen" flankiert werden. Die Folge: Man denkt die ganze Zeit an Zigaretten.

Wenn Sie einem Kind sagen: „Kleckere nicht", tauchen im Nu Bilder von Klecker-Varianten vor dem geistigen Auge des Kindes auf, die es in seinem Leben schon kennengelernt hat wie sabbern, die Schale umstoßen oder den Brei auf dem Pulli verteilen. Ach, es gibt so herrlich viele Möglichkeiten des Kleckerns. Höchste Zeit, die Vielfalt auszuleben! Das Unbewusste arbeitet zuverlässig gemäß den abgespeicherten Bildern. So bringt es das Kind dazu, genau das zu tun, was eigentlich mit der Aufforderung „Kleckere nicht" verhindert werden sollte.

Mit negativen Aussagen können Sie überdies einen Menschen – Achtung, auch sich selbst! – ruckzuck in schlechte Zustände führen. Statt „Ich wünsche dir, dass du keinen Ärger bekommst", kommt tatsächlich an, „dass du Ärger bekommst". Daher ist „Ich wünsche dir, dass es gut läuft" hilfreicher.

Statt „Hoffentlich wirst du nicht krank", ermuntern Sie sich und andere besser mit der Botschaft „Bleib gesund!"

## Die Angst vor den Folgen von *Nein*

Verbales Rumeiern entsteht aus der Furcht, sich Sympathien zu verscherzen, ausgegrenzt zu werden, allein dazustehen. Somit kommt einigen Menschen ein kleines Wort nur schwer über die Lippen: das Wort *Nein*. Schließlich gibt es ein noch kleineres, das beim Umfeld auch viiiel besser ankommt. Und das Wort heißt *Ja*. Icke klatscht reimenderweise Beifall:

„Du tust am besten, wenn du tust,
nicht was du willst, doch was du musst."

In Selbstmanagementseminaren kommen wir schnell auf das Phänomen zu sprechen, das offensichtlich immer noch mehr Frauen als Männer befällt: die Schwierigkeit, Nein zu sagen, Vorschläge abzulehnen, Mehrarbeit nicht anzunehmen, einen Gefallen nicht zu tun. Sie sagen Ja, weil sie ein nettes Mädchen sein wollen oder weil sie das tun, was man von ihnen erwartet – eben tun, was sie angeblich tun müssen. Ein Ja, hoffen viele, sorgt für Harmonie. Ja sagen, so ihre unbewusste Annahme, stärkt das Selbstwertgefühl. Schließlich hoffen sie, sich mit einem Ja besser zu fühlen, weil die anderen sie brauchen, sie ihnen für den Gefallen dankbar sind und vor allem weil sie sie ganz doll mögen.

Was soll man auch tun, wenn die Kolleginnen und Kollegen einen so lieb bitten: Soll man diese Menschen enttäuschen? Ein Nein hätte furchtbare, dramatische Konsequenzen, weiß Icke und stimmt freudig in die Bedenkenträgerei ein. Er sieht die Katastrophe schon kommen:

„Wenn du jetzt Nein sagst, werden dich alle für total egoistisch halten. Keiner will mehr was mit dir zu tun haben. Wenn du mal Hilfe brauchst, wird es überhaupt niemanden geben, der nur einen kleinen Finger für dich krümmt."

Die vom inneren Kritiker gebetsmühlenartig beschworenen Ängste zeigen Wirkung, wie eine junge Seminarteilnehmerin berichtete: „Ich weiß nicht mehr, wie ich das alles schaffen soll", erzählte sie. „Überstunden sind schon der Regelfall. Mein Fach wird immer voller. Ich bin nur dabei, den Berg abzutragen. Aber das gelingt mir nicht, weil so viel Neues dazu kommt." Es stellte sich heraus, dass sie ihre eigentliche Arbeit gut bewältigte. Was ihr aber zu schaffen machte, waren die vielen zusätzlichen Aufgaben, die sie den Kolleginnen und Kollegen zuliebe übernommen hatte. „Am Anfang war es nur ab und zu mal eine kleine Extraarbeit. Ich habe mir gesagt, da bricht mir kein Zacken aus der Krone, wenn ich das noch mal schnell mitmache. Das Problem mittlerweile ist jedoch, dass es mit ‚mal schnell' nicht getan ist. Auf meinem Schreibtisch sammelt sich immer mehr an."

Es ist für die Kolleginnen und Kollegen zur Selbstverständlichkeit geworden, Arbeit bei ihr abzuladen. Niemand fragt sie noch groß, sondern legt ihr die Sachen einfach ins Fach. Wozu auch fragen, sie sagt doch sowieso Ja. Und sie? Sie lässt es mit sich machen. Sie traut sich nicht, die Zusatzaufgaben abzulehnen, weil sie Angst hat, den Unmut der anderen auf sich zu ziehen.

Der erhoffte Ausweg aus dem Dilemma lag für sie im Besuch eines Zeitmanagementseminars – genauer in der Suche nach *der* Super-Technik, mit der es gelingt, in noch kürzerer Zeit noch mehr zu erledigen. Denn Ihre Schlussfolgerung aus der Überlastung war: Wenn ich die Arbeit nicht schaffe, stimmt etwas nicht mit mir und meiner Leistung. Ich muss lernen, mich zusammenzureißen und vor allem das Arbeitstempo zu forcieren. Sieht Icke ganz genau so:

„Deine Arbeitsweise ist eine Katastrophe, unprofessionell und stümperhaft. Du vertrödelst mit allem Möglichen jede Menge Zeit. Andere sind da viel besser organisiert."

## Wie eine ausgepresste Zitrone

Es ist für manchen Teilnehmer und manche Teilnehmerin, die mit großen Erwartungen ins Seminar kommen, enttäuschend zu hören, dass es keine Geheimwaffe gibt, mit der es gelingt, immer mehr Aufgaben im Turbogang und selbstverständlich total entspannt zu erledigen, um dann bestens gelaunt und voller Saft und Kraft in den durchorganisierten Feierabend zu gehen. Den Tag wie eine Zitrone auszupressen, ist auf Dauer wenig erfolgversprechend. Menschliche Belastbarkeit hat Grenzen. Das ist eine Tatsache, die einige nur schwer hinnehmen können.

Öfter Nein zu sagen, heißt nicht, sich allen Anfragen und Bitten zu verschließen. Hilfsbereitschaft und Zuverlässigkeit sind etwas Schönes und im Team Unerlässliches. Nur die Grenze ist erreicht, wenn Sie ausgenutzt werden, Ihre eigenen Bedürfnisse, Vorhaben und Ziele zu kurz kommen, und erst recht, wenn es zu einer gesundheitlichen Belastung wird. Wie schon angedeutet, sind insbesondere Frauen gründlich darauf geeicht, die Anliegen anderer wichtiger zu nehmen als ihre eigenen. Es ist nicht leicht, diese Helferinnenrolle abzulegen und der eigenen beruflichen Entwicklung den Vorrang einzuräumen, wenn man jahre- oder gar jahrzehntelang ein anderes Muster gelebt hat. Denken Sie auch an sich selbst, nicht immer nur an die anderen. Wenn Sie Karriere machen möchten oder zumindest gut und nicht völlig ausgelaugt den Arbeitstag überstehen wollen, bleibt Ihnen gar keine andere Wahl, als deutliche Grenzen zu setzen.

„Menschliche Kontakte sind etwas, worauf du bauen kannst. Und die machst du mit deinem egoistischen Verhalten alle systematisch kaputt."

Wer Nein sagt, ist keine rücksichtslose Egoistin oder kein selbstherrlicher Egoist, auch wenn Ihnen das Ihr innerer Kritiker auf scheinheilige Art weismachen will (... merkwürdig, dass er plötzlich mitmenschliche Kontakte so hochhält). Sie lehnen mit einem Nein eine andere Person nicht ab, sondern lediglich eine Bitte oder Forderung. Nein zu sagen bedeutet, dass Sie verantwortungsbewusst sind, weil Sie ernsthaft prüfen, was Sie sich zumuten können und was nicht. Diese Verantwortung für sich selbst können nur Sie übernehmen. Schreiben Sie Ihrem Icke Folgendes hinter die

Ohren: „Ich habe das Recht, eigene Bedürfnisse anzumelden. Das tue ich nicht gegen die anderen, sondern *für* mich."

## Icke-Knebel-Trick Nr. 19: Das Nein sagen trainieren

Die Beschäftigung mit folgenden Fragen kann einerseits Ihren Blick dafür schärfen, ob Sie zu oft Ja sagen und darüber hinaus, dass so viel gar nicht passieren wird, wenn sie öfter mal Nein sagen – auch wenn Ihr Kritiker die schlimmsten Horrorbilder an die Wand malt.

Denken Sie in Ruhe darüber nach, welche Schwierigkeiten Ihnen das Nein sagen bereitet. Dazu empfehle ich Ihnen, folgende Fragen schriftlich zu beantworten.

- Wann sage ich immer wieder Ja, obwohl ich Nein meine?
- Was befürchte ich, wenn ich Nein sage? Womit droht mein persönlicher Icke?
- Was würde schlimmstenfalls passieren, wenn ich nicht immer Ja sage?
- Welche Vorteile bringt es mir, wenn ich auch mal Nein sage?

Nein zu sagen ist übrigens nicht nur was für den Umgang von Mensch zu Mensch – sondern auch von Mensch zu innerem Kritiker. Schmettern Sie Icke ein lautes und deutliches Nein! entgegen, wenn er es wieder zu bunt treibt.

Wenn Sie Nein sagen, rechnen Sie nicht mit allzu großer Begeisterung auf der anderen Seite, zum Beispiel beim Kollegenteam. Ähnlich wie Icke könnte so mancher das ein oder andere Register ziehen, um Sie umzustimmen. Etwa ärgerlich werden, Druck ausüben oder versuchen, Ihr Mitleid zu wecken. Eine Workshop-Teilnehmerin berichtete, dass sie in so einer Situation von einem Kollegen zu hören bekam: „Was ist denn mit dir los? Hast du deine Tage?" Wie drastisch auch immer die Reaktionen ausfallen, lassen Sie sich davon nicht beeindrucken. Wiederholen Sie die Wichtigkeit der Aufgaben, mit denen Sie beschäftigt sind. Sie werden Ihr Gegenüber umso besser von Ihrem Nein überzeugen, je überzeugter Sie sind, ein Recht auf dieses Nein zu haben und je besser Sie Ihren mentalen Störer im Griff haben.

Wenn Sie nicht klipp und klar signalisieren, dass Ihre Grenze erreicht ist, werden sie bestimmte Pappenheimer immer wieder gedankenlos übertreten. Die anderen gehen davon aus, dass Ihnen der Mehraufwand nichts ausmacht. Schließlich nehmen Sie die Aufgabe ohne zu murren an, womöglich noch mit einem Lächeln (Stichwort Nettigkeitsfalle, S. 78 f.). Es ist eine Illusion zu glauben, dass Ihre Umgebung von sich aus darauf kommen müsste, dass man Ihnen nicht noch mehr zumuten darf. Das müssen Sie deutlich sagen. Verzichten Sie darauf, besteht die Gefahr, langfristig in ein tiefes Motivationsloch abzurutschen, und noch schlimmer, die Gesundheit zu riskieren. Wie Sie Lust und Laune erhalten und Ihre Ziele erreichen, zeigt das folgende Kapitel.

# 8. Motivieren Sie sich und andere ... und tricksen Sie Icke einfach aus

Stellen Sie sich vor, es ist Ihr 80. Geburtstag. Alle, die Ihnen am Herzen liegen, sind gekommen, um diesen besonderen Tag mit Ihnen zu feiern. Nun ist das wunderbare Menü verspeist, die Reden sind gehalten, das letzte Glas geleert. Die Gäste verabschieden sich. Und Sie haben Zeit, innezuhalten. Sie denken an die schönen und nicht so schönen Momente Ihres Lebens. Beim Blick zurück macht sich eine melancholische Stimmung breit. Und plötzlich fragen Sie sich: „Warum habe ich eigentlich nie ...?“

Wie könnte diese Frage wohl weitergehen? Versuchen Sie doch mal, sie mit Ihren Worten fortzusetzen. Was würden Sie bedauern, nie getan, ausprobiert, gewagt zu haben? Lassen Sie sich Zeit, um diese Frage zu beantworten. Wenn möglich, nehmen Sie Papier und Stift zur Hand und machen Sie Notizen. In jedem Fall lohnt es sich, darüber einen Augenblick länger nachzudenken.

„Was soll denn das bringen? Ist noch lange hin, bis du 80 bist. Wenn du überhaupt so alt wirst."

Icke hat ein persönliches Interesse daran, Übungen wie diese abzutun. Möglicherweise probiert er es auch, indem er Ihre Angst verstärkt. Angst machen, eine Icke-Spezialität. Vielleicht muss er sich dabei gar nicht so anstrengen. Schließlich ist es ein Wagnis für Sie, sich auf ein solches Gedankenspiel einzulassen. Was tritt dabei zutage? Verdrängte Wünsche? Nicht erhörte Bedürfnisse? Vergessene Freuden? Wehmut? Trauer?

Icke lehnt eine solche Übung nicht etwa deshalb ab, um Sie vor unangenehmen Gefühlen zu schützen. Er befürchtet vielmehr, dass dies für Sie der Schlüssel zu einem besseren Leben sein kann, zu einem Leben voller Freude, Stärke und Motivation.

Mark Twain hat es so auf den Punkt gebracht: „Wir wären glücklicher, wenn wir mit achtzig geboren werden könnten, um uns dann gemächlich dem Alter von achtzehn Jahren anzunähern." Weil man dann schlauer wäre und vieles ganz anders sähe? Weil man Erfahrungen machen würde, die man sich nicht erlaubt hat? Was hätten Sie anders gemacht oder was möchten Sie endlich ändern?

## Sich begeistern

Es ist kein Zufall, dass an runden Geburtstagen – und in der Regel nicht erst beim 80., sondern häufig schon 30, 40 Jahre vorher – gemischte Gefühle aufkommen. Nicht nur, weil man im Spiegel erkennt, dass die Zeit sichtbare Spuren hinterlässt, sondern weil Menschen an solchen Tagen den Blick zurück wagen und stärker als sonst ins Nachdenken kommen. Typisch sind Überlegungen wie „Bin ich da, wo ich hingewollt habe?", „Hätte ich mein Leben anders leben sollen?" oder „Macht mich das hier glücklich?". Nicht selten lösen derlei Anlässe eine Midlife-Crisis aus. Und je später im Leben es einen erwischt, desto schwerer wird es, das Ruder rumzureißen.

Wie wäre es, wenn Sie schon jetzt, egal, wie weit der nächste runde Geburtstag noch entfernt ist, damit beginnen, in sich hineinzuhorchen und zu überprüfen: Was will ich wirklich? Was motiviert mich? Ganz wörtlich genommen: Was setzt mich in Bewegung? Was begeistert mich?

Manchmal spiele ich im Seminar den Advocatus Diaboli, das heißt, ich provoziere und stelle merkwürdige Fragen, die gewohnte, aber störende Muster durchbrechen sollen, um neue, hilfreichere entstehen zu lassen. Verwirrung ernte ich meist mit der Frage: „Und wessen Leben leben Sie?" Zögerlich kommen Antworten wie: „Meins, denke ich". Und wenn ich nachhake: „Wirklich?", bekomme ich selten als Antwort: „Klar doch." Eher höre ich Reaktionen wie: „Oder nicht?" Ganz so sicher sind sich da viele nicht, ob das wirklich ihr Ding ist, das sie da seit Jahrzehnten betreiben. Die Frage zielt auf den Unterschied zwischen der eigenen und der geborgten Identität, in der Fachsprache ist auch die Rede von der übernommenen und wahren Identität.[19] Diese Schlüsselbegriffe spielen eine große Rolle bei der Suche nach Antworten auf die Frage: Warum fällt es oft so schwer, sich zu motivieren? Eine Ursache: Das verfolgte Ziel hat nichts mit dem zu tun, was man aus dem Inneren heraus wirklich will. Es ist nichts, was wirklich begeistert. „Wie oft kommt es doch vor, dass man sein wahres Leben gar nicht lebt“, meint auch Schriftsteller Oscar Wilde.

## Dem Herzenswunsch folgen

Warum stellt sich die Jurastudentin Nele, 15. Semester, immer wieder selbst ein Bein, verschludert Papiere und versäumt Abgabetermine, obwohl sie sonst die Organisiertheit in Person ist? Warum scheitert sie in Prüfungen, obwohl sie den Stoff in- und auswendig kann? Vielleicht weil als „Krönung“ aller Anstrengungen ein Abschluss winkt, der alle in der Familie sehr glücklich machen würde: Großvater, Mutter, Vater, Tante und den Bruder – ebenfalls Juristinnen bzw. Juristen. Dass wirklich *alle* glücklich wären, stimmt nicht ganz, denn Neles Glücksgefühl ist nur schwach ausgeprägt. Kaum messbar. Auf einer Skala von 1–10 stuft sie es bei „maximal 1–2“ ein. Euphorie sieht anders aus. Mit dem Abschluss würde sie es allen recht machen, mit Ausnahme von sich selbst, da ihr Herz schon lange für die Archäologie schlägt. Warum also sollte sie zum Ende ihres Studiums kommen, wenn im Anschluss eine solch ungeliebte Karriere auf sie wartet? Das Unbewusste arbeitet zuverlässig und sorgt dafür, dass Nele es selbst verhindert, das unerwünschte Ziel zu erreichen.

Warum verkauft sich der Klient Mathias im unternehmenseigenen Assessment-Center so schlecht, obwohl er sonst ein Meister der Selbstdarstellung ist? Warum überrascht er mit sich selbst schadenden Antworten im Stressinterview, sodass sein Aufstieg jäh unterbrochen wird? Wahrscheinlich weil er, wenn er in sich hinein horcht, nicht mehr wirklich Spaß an der Tätigkeit hat. Die Reisen ins Ausland, schöne Hotels, tolle Einladungen zu Events mit Prominenz – das wirkt auf den Freundeskreis beneidenswert, für ihn selbst ist das alles jedoch nur noch Strapaze.

Warum studierte vor 20 Jahren alle Welt BWL? Bestimmt nicht, weil man plötzlich kollektiv die Liebe für betriebswirtschaftliche Zusammenhänge entdeckte. Sondern weil man damit angeblich die besten Chancen hatte, richtig Geld zu verdienen. Die Leidenschaften lagen oft ganz woanders.

Ich weiß noch, wie ich von so manchem belächelt wurde, als ich bekanntgab, nach mehreren Jahren der Berufstätigkeit studieren zu wollen. Und zwar nicht BWL oder Jura, sondern die – so einige Kommentierungen – „weltfremde", „theorielastige" und „direkt in die Arbeitslosigkeit führende" Fächerkombination Publizistik, Politikwissenschaft und Soziologie. Dies würde, wenn überhaupt für etwas, dann doch maximal für eine Taxifahrerkarriere gut sein. „Studieren, ja, meinetwegen, aber dann etwas Vernünftiges", hörte ich immer wieder. Das war meine Entscheidung in den Augen der anderen nicht. Zumal ich davor schon als Redakteurin beruflich erfolgreich war und leichtsinnigerweise meine feste Stelle für ein solches Studium aufgab. Spaß, Neugier, Horizonterweiterung und Qualifizierung, also die für mich ausschlaggebenden Gründe für meine Wahl, waren für diejenigen, die mich umstimmen wollten, keine überzeugenden Argumente.

Jetzt, viele Jahre später, fühle ich mich bestätigt, die richtige Entscheidung getroffen zu haben. Das Studium hat Spaß gemacht und war lehrreich. Und weil die Freude am Studieren groß war, ging es flott voran, musste ich mich nicht wie manch ein anderer mühsam durch den Stoff quälen. Noch dazu ist genau dieses Studium äußerst nützlich für meine heutige Tätigkeit als Trainerin, Coach und Autorin. Auch wenn ich damals noch gar nicht ahnen konnte, dass meine Hauptklientel Führungskräfte aus dem Bereich der – ja, genau – Politik, sind.

### Icke-Knebel-Trick Nr. 20: Dem Herzenswunsch folgen

Gönnen Sie sich eine Auszeit, lassen Sie Ihren Blick schweifen, vielleicht haben Sie Natur um sich herum oder können zumindest einen Blick in den Himmel werfen. Erlauben Sie sich, die Träumerin oder den Träumer in sich zu aktivieren. Was für ein Gefühl ist das, wenn Sie Ihrer Fantasie so richtig freien Lauf lassen, wenn Sie rumspinnen oder einfach nur vor sich hinträumen? Wie sehen Sie dann aus? Wie klingen Sie dann? Erinnern Sie sich an eine Situation, als Sie genau in diesem Zustand waren und die Tagträumerei genossen und Ideen entwickelt haben. Tauchen Sie ein in dieses gute Gefühl, und begeben Sie sich auf die Suche nach Ihrem Herzenswunsch mit der Frage:
„Wenn ich nicht scheitern könnte, was würde ich dann am liebsten machen?“

Aufgrund meiner persönlichen Erfahrung und der Erzählungen anderer, die sich für oder eben gegen ihren Herzenswunsch entschieden haben, bestärke ich Menschen bei der Berufswahl darin, unbedingt der eigenen Leidenschaft und Begeisterung zu folgen. Sie sollten etwas tun, was sie wirklich wollen und sich nicht nur danach richten, was gerade auf dem Arbeitsmarkt gebraucht wird, wie die Einstellungschancen in diesem oder jenem Beruf wohl in sechs Jahren sind oder was bei den Eltern und anderen gut ankommt.

„Bleib mal realistisch. Du musst dich freuen, wenn du überhaupt irgendeinen Job findest. Du kannst dir so eine Luxus-Spinnerei nicht erlauben. Weltfremd und naiv, danach zu gucken, was dir Spaß macht. Das Leben ist doch kein Ponyhof."

Icke, das ist deine schwarzmalerische Sicht auf die Welt. Meine Erfahrung zeigt, dass es durchaus realistisch (im Sinne von aussichtsreich) ist, seiner Leidenschaft zu folgen. Wer für etwas brennt, erlebt Begeisterung und hat einen starken Durchhaltewillen – unabdingbare Voraussetzungen, um trotz möglicher Rückschläge und Widerstände dran zu bleiben und um schließlich Erfolge feiern zu können. Wie soll ein Mensch sich motivieren, Spaß oder Engagement entwickeln, wenn er etwas tut, nur weil man es eben so macht oder andere das nahe legen?

Sich ein Leben lang dem zu verweigern, was zu einem passt, nicht der Mensch zu sein, der man wirklich ist, führt dazu, die eigene Identität nicht auszubilden. Es macht unzufrieden, unglücklich und lässt das schale Gefühl entstehen, das sich in Fragen manifestiert wie „Und das soll's gewesen sein?". Spätestens dann, wenn der berühmte runde Geburtstag oder der Eintritt in den so genannten Ruhestand ansteht, tritt bei vielen zutage, was sie lange nicht wahrhaben wollten oder konnten: die Erkenntnis, etwas Wesentliches im Leben verpasst zu haben.

Psychotherapeutinnen und -therapeuten können ein Lied davon singen, dass derlei Lebenseinschnitte Krisen auslösen können, wie Irvin D. Yalom, Professor für Psychiatrie an der Stanford University, bestätigt: „Lebenseinschnitte sind immer bedeutsam und der Eintritt in den Ruhestand besonders. Es ist unvorstellbar, dass der Eintritt in den Ruhestand nicht zu einem intensiven Nachdenken über die Vergänglichkeit des Lebens und die Bedeutung der eigenen Lebensgestaltung führt."[20]

## Berufliche Zufriedenheit

Sich gut zu kennen, sich der eigenen Stärken und Besonderheiten bewusst zu sein, ist wesentlich, um Motivation zu erzeugen und zu festigen. Eine Studie des britischen Gallup-Instituts zeigt, dass nur 20 Prozent der weltweit befragten 1,7 Millionen Mitarbeiterinnen und Mitarbeiter in Unternehmen die Möglichkeit haben, ihre Stärken einzubringen. Die Untersuchung bestätigt auch, dass Menschen mit ihrem Arbeitsplatz zufriedener sind, wenn sie beruflich das tun dürfen, was sie am besten können.

Das ist einleuchtend, denn natürlich bringt es Freude und Befriedigung, das zu tun, was man gut kann. Logisch, dass die Arbeit dadurch besser wird, sich Erfolgserlebnisse einstellen und es positive Rückmeldungen gibt, die wiederum beflügeln und die Motivation steigern.

Wenn Sie mit Spaß bei der Sache sind – das kennen Sie sicher –, können Ihnen Stress, Arbeitsaufwand und selbst Überstunden nicht so viel anhaben. In den mittlerweile 15 Jahren, die ich als Selbstständige tätig bin, fällt mir das immer wieder auf. Nach dem oben erwähnten Studium und einigen guten Jahren in verschiedenen Redaktionen bei Zeitungen, Hörfunk und Fernsehen war ich in meiner letzten festangestellten Tätigkeit als Redakteurin sehr unzufrieden. Die Anzahl der Aufgaben, die mir als Journalistin besonders lagen, mir wichtig waren und mich begeisterten, ging hier gegen Null. Stattdessen saß ich tagein, tagaus in der Redaktion, damit beschäftigt, möglichst viele Seiten in immer kürzerer Zeit zu füllen. Die Recherche lief nur übers Telefon. Für ein Interview rauszufahren, sich selbst ein Bild zu machen – unabdingbare Voraussetzung für eine Reportage oder ein Feature – dafür war keine Zeit. Es galt, Texte am Fließband zu produzieren bzw. zu beschaffen, die mich entweder langweilten oder die ich mit meinem journalistischen Selbstverständnis nicht vereinbaren konnte. Ich weiß noch, wie ich jede Überstunde verfluchte, wie jeder Wochenenddienst ein großes Ärgernis war. Ich spürte, das hier ist nicht das, was mir entspricht, was ich immer tun wollte, was mich weiter bringt. Gleichzeitig aber wusste mein Icke, sekundiert von menschlichen Zeitgenossen, meine Knöpfe zu drücken und mich von der Kündigung abzuhalten. Ickes Sicherheitsgerede und Katastrophieranfälle, Beschimpfungen und Vergleiche hielten mich in Schach und klangen in etwa so:

„Bist du wahnsinnig – einen so gut bezahlten Job hinzuschmeißen und dich selbstständig zu machen??? In der heutigen Zeit??? Da muss man ein ganz anderer Typ sein, so etwas anzupacken. Weißt du, wie schwer es ist, an Aufträge zu kommen? Da sind schon ganz andere gescheitert, und die hatten einiges mehr drauf als du. Du wirst es bereuen, hier alles aufzugeben, das kontinuierlich steigende Gehalt, Urlaub, Sicherheit. Und so schlimm ist es hier nicht. Die anderen Kollegen kommen prima zurecht. Wenn man so empfindlich ist wie du und sich über alles aufregt, wie willst du es dann schaffen, dich als Selbstständige allein durchzuschlagen? Außerdem haut man nicht so einfach in den Sack. Das sieht ja aus wie eine Niederlage."

Harter Tobak! Ich erinnere mich noch ganz gut an diese Leier. Umso dankbarer bin ich, dass es mir doch gelang, meinen inneren Kritiker zumindest für einige Zeit aus dem Verkehr zu ziehen und zu erkennen, dass er nicht *mein* Bestes, sondern nur *seine* Existenz sichern wollte. Ich bin froh, dass ich meiner Stärke vertraut und damit langfristig als großes Geschenk berufliche Zufriedenheit und persönliches Wohlergehen geerntet habe. Hätte ich folgenden Icke-Knebel-Trick schon damals gekannt, wäre es sicher schneller gegangen und mir leichter gefallen.

**Icke-Knebel-Trick Nr. 21: Einen Erfolgsfilm drehen**

Während Icke in die Vollen langt und vor lauter Schwarzmalerei sich selbst überschlägt, sagen Sie STOPP. Halten Sie den Katastrophenfilm an, spulen Sie zum Anfang zurück und drehen Sie jetzt Ihren eigenen wunderschönen, zu Herzen gehenden Film mit – ganz wichtig – positivem Ende. So wie Sie sich das Happy End vorstellen. Malen Sie sich in den schönsten Farben aus, wie sich das Schicksal zum Guten wendet. Hören Sie auf die wohlklingenden Worte, die Sie oder andere sagen, um der Sache eine positive Wendung zu geben. Genießen Sie das Gefühl von Freude, Entspannung und weiteren be-

jahenden Emotionen, die frei werden, weil sich die Sache so wunderbar entwickelt hat.
Spüren Sie ein Unbehagen bei der Vorstellung, die rosarote Brille aufzusetzen und sträubt sich etwas in Ihnen, vor allem einer, Sie wissen schon wer!? Der mögliche Einwand: „Da machst du dir was vor. Du bildest dir etwas ein, was nicht ist. Das ist doch Täuschung!" Ja, kann schon sein, aber nichts anderes tun Sie, wenn Sie Ickes extrem negativ gefärbter Einbildung folgen, mit dem kleinen, aber feinen Unterschied, dass dies mit schwächenden, lähmenden oder angsterfüllten Emotionen einhergeht. Preisfrage: Was ist wohl hilfreicher, energetischer, motivierender? Darüber hinaus gilt: Nur was Sie sich vorstellen, werden Sie verwirklichen. Sorgen Sie durch Ihre selbst produzierten inneren Bilder dafür, dass Sie ein gewünschtes, nicht ein befürchtetes Ergebnis erhalten.

Natürlich hat mein Icke sich nicht kampflos für immer und ewig zurückgezogen. Weil er extrem hartnäckig ist, versuchte er und versucht es bis heute, immer wieder Boden gut zu machen. Zum Beispiel durch Vergleich mit anderen. Gerade am Anfang der Selbstständigkeit habe ich auf festangestellte Freunde geschielt, die entspannt an den tollsten Orten der Welt ein paar Wochen Urlaub machen konnten, wohingegen ich zu Hause blieb, um nur ja keinen Auftrag zu verpassen. Wochenlangen Verdienstausfall plus Reisekosten konnte ich mir nicht leisten. In solch schwachen Momenten ließ Icke nicht lange auf sich warten mit Botschaften wie:

„Siehste, hab ich dir doch gleich gesagt.
Das haste nun davon."

Was enorm hilfreiche Kommentare waren, wie Sie sich vorstellen können.

Doch seine Auftritte sind immer seltener geworden, weil ich mir den Gewinn meiner Entscheidung stets bewusst mache: die Freiheit, die Möglichkeit mich weiterzuentwickeln, die Chance, Sinnvolles zu tun, indem ich andere Menschen mit meinem Wissen unterstütze. Kurz: das Glück, entsprechend meiner wahren Identität zu leben.

Und was das Thema Überstunden angeht, investiere ich heute sicher mehr Zeit in meinen Job als je zuvor, bin spät abends und am Wochenende „im Einsatz“, viel auf Reisen, weg von zu Hause. Ich nutze freie Zeiten für die Weiterbildung, ganz abgesehen davon, dass ich diese im Gegensatz zu früher selbst bezahle. Doch es belastet mich nicht. Ganz im Gegenteil. Ich vergesse oft die Zeit und freue mich stattdessen, einen Schritt weiter gekommen zu sein. Immer wieder höre ich Sätze wie: „Ach, du Arme, jetzt musst du auch noch den Samstag und Sonntag opfern.“ Opfern? Das Wort passt für mein Gefühl nicht zu dem, was ich Wunderbares erlebe. Für mich ist es vielmehr der Ausdruck von Freiheit und Verwirklichung. Das ist eine Bereicherung, keine Pflicht. Ich *muss* das nicht tun, ich *darf* das. Ein himmelweiter Unterschied.

Oder in den Worten von Anders Jonas Ångström, dem schwedischen Astronom und Physiker: „Wenn man eine Arbeit mag, dann ist es keine Arbeit.“

## Werte leben

Freiheit, Verwirklichung und Lernen sind für mich deshalb so motivierend, weil es wichtige Werte in meinem Leben sind. Und Werte sind handlungsleitend, das heißt, Menschen streben danach, ihre Werte zu leben. Wenn das nicht möglich ist, sind wir verärgert, traurig, wütend oder demotiviert. Jedem Menschen sind andere Werte wichtig. Für die einen sind es vielleicht Sicherheit und Klarheit, für andere haben Toleranz und Loyalität oberste Priorität, bei den nächsten sind es Gerechtigkeit und Freiheit oder Berechenbarkeit und Vertrauen. Vielen Menschen sind ihre Werte gar nicht bewusst. Wie schade! Kann doch das Wissen darum und das Einbeziehen in die Lebensplanung dazu beitragen, die Aufgabe zu finden, die wirklich motiviert, oder die Beziehung zu leben, die das wahre Selbst zur Entfaltung bringt oder sich mit den Menschen zu umgeben, die einem gut tun. Mit anderen Worten, ein erfülltes Leben zu führen.

„Ach, das ist doch alles weichgespültes Gelaber. Das Leben ist doch kein Wunschkonzert."

Es wundert Sie sicher nicht, dass es der Miesmacher für völlig unnötig hält, sich mit solchen Dingen zu beschäftigen. Doch inzwischen wissen wir, dass er was gegen Ihr Wohlbefinden und erst recht gegen Ihre innere Balance hat. Also, legen Sie Icke die Knebel an, und forschen Sie einmal nach Ihren persönlichen Werten.

### Icke-Knebel-Trick Nr. 22: Ihre wichtigsten Werte

Beantworten Sie folgende Fragen, und notieren Sie die Antworten. Lassen Sie sich Zeit beim Überlegen. Wenn Sie bestimmte Begriffe mehrfach nennen, notieren Sie diese unbedingt jedes Mal.

1. Erinnern Sie sich an eine Zeit, wo Sie Ihren Arbeitsplatz aus eigener Initiative gewechselt haben. Vergegenwärtigen Sie sich, was Ihnen dort gefehlt hat. Was war nicht da, sodass Sie zu der Entscheidung gelangt sind, zu gehen? Gab es etwas, was Sie vergeblich versucht haben, herzustellen?
2. Erinnern Sie sich an eine Partnerschaft, aus der Sie weggegangen sind, weil Sie etwas Wesentliches vermisst haben. Etwas, was Ihnen wichtig war. Nennen Sie alles, was Ihnen einfällt: was fehlte in dieser Beziehung, was vermissten Sie?
3. Und nun denken Sie an eine Freundschaft, die Sie aus eigener Initiative beendet haben. Erinnern Sie sich daran, was gefehlt hat, sodass Sie den Schlussstrich gezogen haben? Was war nicht da?
4. Lassen Sie vor Ihrem geistigen Auge eine Situation von einer Arbeit entstehen, die Sie wirklich gern gemacht haben, bei der Sie sich wohl

gefühlt haben. Was war da? Was war entscheidend für den Eindruck, dort genau richtig zu sein? Nennen Sie wieder alles, was Ihnen einfällt.

5. Denken Sie an ein Erlebnis in Ihrer Partnerschaft, bei dem es Ihnen richtig gut ging. Was war dafür ausschlaggebend, dass es zu diesem Wohlgefühl gekommen ist? Lassen Sie sich Zeit, dem noch einmal nachzuspüren. Was machte das Wesentliche aus?
6. Und nun erinnern Sie sich an Situationen mit einem Freund oder einer Freundin, die Sie sehr genossen haben. Vielleicht haben Sie ein spezielles Bild vor Augen, möglicherweise hören Sie noch Worte? Oder es stellt sich ein bestimmtes Gefühl ein? Was hat dazu beigetragen, dass Sie sagten: „Ich fühle mich wohl?" Welcher Wert gehört für Sie dazu?

Schließen Sie den Prozess ab und schauen Sie sich Ihre Werte-Liste an. Gab es Mehrfachnennungen? Was scheint Ihnen besonders wichtig zu sein? Was fällt überhaupt auf?[21]

## Erfolge feiern

Klar weiß ich, dass das Leben Vorgaben und Zwänge hat, die es nicht immer möglich machen, alles und jedes mit einer unbändigen Begeisterung anzugehen. In solch schwierigen oder zähen Phasen ist es nach meiner Erfahrung hilfreich, das große Ziel nicht aus den Augen zu lassen, auch wenn es noch in ganz weiter Ferne liegt. Motivierend auf mich wirkt in diesem Fall, wenn ich mir so plastisch wie möglich den Erfolg ausmale (siehe Icke-Knebel-Trick Nr. 21). In allen Farben und Facetten stelle mir das Erreichen des Ziels vor. Ich tue so, als ob ich bereits am Ziel wäre und genieße schon mal vorab das wohltuende Gefühl. Das wiederum spornt enorm an.

Noch energetisierender als der vorgestellte ist wohl nur der tatsächlich eintretende Erfolg. Ein Anlass zur Freude, des Stolzes auf sich, ein Grund zum Feiern. Doch was macht der pflichtbewusste, arbeitsame, emsige Mensch? Er lässt sich von seinem inneren Kritiker den Erfolg madig machen und geht zur nächsten Aufgabe über.

Managementlegende Jack Welch, unter dessen Führung „General Electric“ eines der erfolgreichsten Unternehmen der Welt wurde, richtet bei Seminaren und Vorträgen immer eine Standardfrage ans Publikum: „Feiern Sie auch genug?“, will er wissen, was bei den Angesprochenen in der Regel Verwunderung hervorruft. Jack Welch bedauert, dass Führungskräfte dieses Instrument der Mitarbeitermotivation vernachlässigen. Ich sehe das genauso und würde es Ihnen auch zur Selbstmotivation empfehlen. Schließlich hat man einige Zeit, Mühe und Kraft in eine Aufgabe gesteckt. Das nicht angemessen zu würdigen – eine verpasste Gelegenheit. „Stellen Sie sich doch einmal vor, eine Mannschaft gewinnt die Weltmeisterschaft, und es knallen keine Sektkorken!“[22]

Genießen Sie die besonderen Momente Ihres Lebens, erzählen Sie anderen von Ihrem Erfolg, gönnen Sie sich etwas Besonderes, legen Sie eine Pause ein – und feiern Sie.

„Um Himmels willen. Leg das Buch weg. Wie kommst du auf die Schnapsidee, dass du ausgerechnet hier Hilfe bekommst? Dein Problem ist viel zu groß, als dass dir ein Buch weiterhelfen könnte."

## Neues belebt und stärkt

Immer wieder die eigene Routine zu durchbrechen, etwas Neues zu wagen und ungewohnte Dinge auszuprobieren, ist ein weiterer wichtiger Motivator. Zugegeben eine Herausforderung, weil Vertrautes zunächst weniger Anstrengung bedarf und in Fleisch und Blut übergegangen ist. Der Energieaufwand, neue Gewohnheiten zu etablieren, ist zweifelsfrei erst mal höher. Außerdem ist man mit dem Alten so vertraut und sicher. Und Neues macht manchmal auch Angst.

In dem Zusammenhang fällt mir ein Gespräch ein, von dem eine Klientin berichtete. Sie wollte ihre Freundin zu sich nach Berlin einladen. Die Unterhaltung lief in etwa so:

KLIENTIN: „Du, besuch mich doch mal in Berlin. Ich bin für ein paar Tage Strohwitwe, und wir könnten wie in alten Zeiten klönen, ins Kino gehen und um die Häuser ziehen."

FREUNDIN: „Alleine zu dir? Das krieg ich nicht hin. Wenn ich mit dem Zug komme, muss ich mehrmals umsteigen. Das stresst mich so. Ich weiß nie, wo ich hin muss. "

KLIENTIN: „Dann komm mit dem Auto."

FREUNDIN (entrüstet): „Auto? Nein! Das schaff ich sowieso nicht! Dieser Wahnsinnsverkehr bei euch. Ich kenn mich in Berlin nicht aus."

KLIENTIN: „Dafür gibt's Navigationsgeräte."

FREUNDIN: „Ach, das Teil zu programmieren, das konnte ich noch nie ... Dann fällt es unterwegs aus und schon geht gar nichts mehr, das krieg' ich niemals wieder allein neu eingestellt."

„Das kann ich sowieso nicht." „Das brauche ich erst gar nicht zu probieren." „Das wird nicht klappen." Es gibt Menschen, die sich mit Formeln aus dem Icke-Gebetsbuch selbst Schachmatt setzen. Infolgedessen trauen sie sich wenig zu und nehmen Herausforderungen nicht an, aus Angst und gemäß der blockierenden Überzeugung, sowieso zu scheitern. Icke sorgt dafür, dass das auch so bleibt.

Dabei ist es für die Stärkung des Selbstwertgefühls so wichtig, auch mal etwas zu wagen, ein Risiko einzugehen. Der Selbstwert wächst durch aktives Tun. Wann immer es Ihnen gelingt, ein Problem zu beseitigen oder eine schwierige Aufgabe zu bewältigen, wachsen Zufriedenheit und Selbstsicherheit. Ihre Zuversicht, auch andere schwierige Aufgaben zu lösen, steigt. „Und was ist, wenn es mal nicht klappt?", wenden Sie ein. Ja, was ist dann? Dann ist als erster Icke zur Stelle mit seiner gewohnt aufbauenden Art:

„Das hätte ich dir gleich sagen können, dass das in die Hose geht. Wie kann man nur so dämlich sein!"

Wenn Sie den Sprücheklopfer nicht stoppen, ihm insgeheim sogar noch recht geben, werden Sie sich aller Voraussicht nach erst mal eine Weile beschimpfen, Vorhaltungen und Vorwürfe machen, die mit dem Resümee enden: „Du kannst so was nicht, also lass die Hände von Experimenten aller Art. Und überhaupt kannst du sehr wenig." Die Stimmung geht in den Keller, die Motivation, mutig Neues anzupacken, sinkt gen Null.

## Sich (ver-)trauen

Natürlich kann eine Sache auch mal nicht klappen. Ja, es kann passieren, dass die Freundin sich auf dem Weg nach Berlin verfährt. Na, und? Dann kommt sie später an. Klar, sie kann sich in Icke-Manier erst mal niedermachen und abwerten. Sie könnte stattdessen aber auch erkennen, dass Fehler keine Katastrophe sind. Vielleicht erlebt sie bei der Gelegenheit, dass es freundliche Menschen gibt, die gerne bei der Orientierung helfen. Vor allem, und das ist das Wichtigste, hätte sie sich selbst die Botschaft vermittelt: „Ich wage etwas, auch mal den Sprung ins kalte Wasser. Ich trau mir was zu, ich vertrau mir. Ich habe Selbst-Vertrauen." Eine wichtige Erkenntnis – auch an die Adresse des inneren Kritikers –, die unerlässlich ist, um Herausforderungen des Lebens zu meistern.

## Eine Frage des Selbstbilds

Menschen, die schnell die Flinte ins Korn werfen, weil sie Dinge „sowieso nicht können", weil sie sich als „unfähig" oder „dumm" abstempeln und infolgedessen auch keine Versuche unternehmen, etwas mal zu probieren, schreibt die Stanford-Professorin Carol Dweck, eine der weltweit führenden Forscherinnen auf dem Gebiet der Motivations- und Entwicklungspsychologie, ein so genanntes *statisches Selbstbild* zu.[23] Diese Grundhaltung macht Veränderung schwer bzw. verhindert sie. Ganz im Gegensatz zum *dynamischen*

*Selbstbild*. Menschen mit dieser Haltung gehen davon aus, dass sie erstens Talent, Können und Stärken haben und zweitens diese als etwas betrachten, was weiterentwickelt werden kann.

Kommen neue, unbekannte, schwierige Situationen auf einen Menschen mit statischem Selbstbild zu, wird der sofort abwinken nach der Devise: „Nee, geht nicht, kann ich nicht." Fertig. Aus. Basta. Das ist ganz in Ickes Sinn – klingt doch wie der Miesepeter himself:

„Dafür bist du einfach zu blöd.
Das weißt du doch. Lass die Finger davon."

Nehmen Sie derlei Behauptungen für bare Münze, schnappt die Falle zu. Die Welt ist dann voller unlösbarer Aufgaben, großer Probleme, die Sie als armes, kleines Würstchen nie und nimmer bewältigen können. Sie sind ja so ohnmächtig, so schwach, so blöd. Das statische Selbstbild wird bestätigt und noch pessimistischer – sofern sich das überhaupt noch steigern lässt. Resignation pur.

Bei Menschen mit dynamischem Selbstbild hingegen kann der Sprücheklopfer nur schwer landen. Denn sie sehen eine schwierige Situation als Gelegenheit, über sich selbst hinauszuwachsen. Ihre Haltung – „Ich kann es lösen", „Ich probiere es", „Es gibt bestimmt einen Weg" – setzt eine ganz andere Energie frei: eine Energie, die ermutigt und erlaubt, den Spielraum zu nutzen.

Beispiel: Obwohl es mit der neuen Aufgabe im Job noch rumpelt und nicht alles sooo glatt läuft wie beim Vorgänger, der 20 Jahre diese Stelle innehatte, erlaubt sich ein Mensch mit einem dynamischen Selbstbild eine Einarbeitungszeit. Getreu der Devise: Selbst die Regierung kriegt 100 Tage Schonfrist, um sich zurechtzufinden. Hätte der Mensch jedoch ein statisches Selbstbild, würde jeder Fehler, und sei er noch so klein, als Beleg dafür genommen, dass ihm der neue Job nicht liegt, dass ihm das Talent fehlt und er es einfach nicht kann.

## Urteil versus Chance

Typisch für Menschen mit einem statischen Selbstbild sind, ganz nach Ickes Geschmack, Urteile. In ihren Selbstgesprächen ziehen sie zum Beispiel aus missglückten Versuchen Schlüsse wie „Das bedeutet, dass ich ein Versager bin“, „Das zeigt, dass ich ein dummer Mensch bin“ oder „Dies beweist, dass ich das nie lernen werde“.

Wer hingegen mit einem dynamischen Selbstbild lebt, verurteilt sich nicht und findet sich auch nicht mit einem Negativstempel ab. Stattdessen überlegt er eher, wie er auf das Ergebnis konstruktiv reagieren kann. Typische Fragen, die sich Menschen mit dynamischem Selbstbild stellen, sind: „Was kann ich daraus lernen? Wie kann ich es beim nächsten Mal besser machen?“[24] Misserfolge sind für sie kein Beweis für die eigene Unfähigkeit oder Dummheit, sondern eine Möglichkeit, sich weiter zu entwickeln. Diese Herangehensweise ist eine, wie ich finde, sehr viel freundlichere Art, mit sich umzugehen.

Schon bei Kindern sind die Wirkungen, die statische und dynamische Selbstbilder hinterlassen, erkennbar. So erklärten Siebtklässler mit dynamischem Selbstbild, danach befragt, wie sie mit einem schlechten Prüfungsergebnis umgehen, dass sie sich auf die nächste Prüfung besser vorbereiten werden. Schülerinnen und Schüler mit einem statischen Selbstbild gaben hingegen an, dass sie künftig weniger lernen wollten. Warum? Sie hatten längst ein abschließendes Urteil über sich gefällt, das da lautete: „Ich habe sowieso kein Talent dafür, also bringt es auch nichts, Zeit zu investieren.“ Statt sich selbst eine Chance zu geben und aus den Fehlern zu lernen, gaben sie auf.

Um den Schaden fürs Selbstwertgefühl nicht zu groß werden zu lassen, sucht der statische Typ nach Menschen, bei denen es „noch schlechter“ läuft als bei ihm.[25] Für ihn die einzige Möglichkeit, sich etwas besser zu fühlen. Eine sehr verbreitete Strategie, vielleicht erinnern Sie sich an das Beispiel der Frau aus der Seminargruppe, in der überwiegend die vermeintlichen Fehler und Defizite anderer betont und positive Aspekte, wenn überhaupt, nur am Rande erwähnt wurden (siehe Kapitel 3, S. 43).

Ob jemand ein statisches oder dynamisches Selbstbild hat, ist nicht in Stein gemeißelt. Denn Selbstbilder sind nichts anderes als tief verwurzelte Glaubenssätze, die lediglich in den Köpfen existieren.[26] Daraus folgt, dass sie veränderbar sind. Wichtigste Voraussetzung dafür ist der Glaube an die Veränderung. Mein Tipp: Bleiben Sie gegenüber Selbsturteilen kritisch. Wenn Sie feststellen, dass Sie ein extremes Urteil über sich selbst fällen à la „Ich bin zu dumm", „Ich kann das sowieso nicht" etc., halten Sie inne und fragen sich: „Wie rede ich eigentlich mit mir?" (Die Frage „Wie redest du eigentlich mit mir?" würden Sie jedem anderen auch stellen, der anfängt Sie als dumm, blöd, unfähig etc. zu beschimpfen – zu Recht!) Dann schauen Sie sich den Sachverhalt ganz genau an und fragen Sie sich: „Welche Beweise gibt es für diese Schlussfolgerung? Und welche Gegenbeweise?" (Siehe auch Icke-Knebel-Trick Nr. 7, S. 43). In der Regel ergibt sich auf diese Weise eine Liste von Gründen, die gegen diese negativen Urteile sprechen und sie ins Wanken bringen. Damit wird der Weg frei für hilfreichere Überzeugungen wie „Ich kann das lernen", „Ich probiere es aus", „Ich schau mal, wie ich es besser machen kann" etc.

## Icke-Knebel-Trick Nr. 23: Vom statischen zum dynamischen Selbstbild

Gute Hinweise darauf, ob Ihr Selbstbild dynamisch oder statisch ist, bekommen Sie, indem Sie Ihre Worte überprüfen. Achten Sie darauf, wie oft Sie am Tag so etwas sagen wie „Das ist sowieso nichts für mich", „Nee, das geht nicht" oder „Ich krieg das bestimmt nicht gebacken". Immer wenn Sie diese statische Haltung bei sich wahrnehmen, halten Sie kurz inne, und stellen Sie sich eine schlichte Frage: Was müsste sein, um es doch zu schaffen?

Um der Selbstsabotage auf die Schliche zu kommen, eignet sich auch die Lehnstuhltechnik. Das heißt nichts anderes, als sich abends hinzusetzen, den Tag Revue passieren zu lassen und zu prüfen: Bin ich heute in die Falle getappt? Habe ich etwas automatisch weggeschoben, weil ich der – alten – Überzeugung gefolgt bin, „dass ich das sowieso nicht kann“, weil ich mich für „zu dumm, zu unfähig, zu unerfahren“ halte?
Der bewusste Blick darauf hilft Ihnen, in kommenden Situationen sensibler zu werden, nicht blind das alte Muster zu wiederholen, sondern es zu durchbrechen.

## Der freundliche Blick auf sich selbst

Welchen guten Rat, welch tröstende Worte sagen Sie einem Freund, bei dem eine wichtige Sache schiefgegangen ist? Und nun vergleichen Sie das mit den Worten, die Sie an sich selbst richten, wenn etwas in die Hose geht. Ich wette, das Selbstgespräch fällt um einiges unfreundlicher, drastischer, sogar gnadenloser aus. Können Sie das, was Sie sich selbst in solch einem Moment an den Kopf werfen, auch einem anderen Menschen zumuten? „Nein, das kann man nicht machen“, entgegnete auf diese Frage mal eine Klientin empört. „Mit sich selbst aber dürfen Sie so umgehen?“, fragte ich.

Wer sich motivieren möchte, sollte großzügig zu sich sein und sich wie einen Freund, eine Freundin behandeln, wenn etwas nicht wie gewünscht geklappt hat. Wer schafft schon immer 100 Prozent? Ermutigung statt Beschimpfung ist die bessere Devise. Oder um es mit einem meiner Ausbilder, Frank Farrelly, dem Erfinder der provokativen Therapie, zu sagen: „Even Jesus lost one out of twelve“ (Selbst Jesus hat einen von zwölf verloren).

Wenn mal was nicht nach Wunsch gelaufen ist, haben Sie die Wahl, wie Sie sich verhalten: Sie können sich beschimpfen und verurteilen, oder Sie können das Ganze als Lernchance sehen und sich zu Ihrem Mut beglückwünschen, den Sprung ins kalte Wasser gewagt zu haben.

„Freundlicher Umgang mit sich selbst?
Alles Schönfärberei. Mach dir nichts vor.
In vielen Bereichen bist du einfach eine Niete.
Da gibt's nicht zu deuteln."

Welche Überraschung, dass wohlwollendes Verhalten nicht Ickes Welt ist. Logisch, dort hätte er keinen Platz mehr. Und wer wird schon gern überflüssig? „Aber, oller Miesepeter", und das sollten wir ihm laut zurufen: „Darauf können wir keine Rücksicht nehmen, das haben wir schon viel zu lange getan. Icke, rechne damit, dass es richtig dicke für dich kommt."

Wenn Sie, liebe Leserin, lieber Leser, zum Beispiel folgenden Knebel-Trick trainieren, sind Ickes Tage gezählt. Wollen Sie es gleich probieren?

## Icke-Knebel-Trick Nr. 24: Reframing – ein neuer Rahmen

Sie kennen wahrscheinlich das Sprichwort „Nichts ist so schlecht, als dass es nicht für irgendwas gut wäre". Für mich ist es zu einem probaten Hilfsmittel geworden, um mich aus einer trübsinnigen Gedankenspirale, die Icke mit Begeisterung am Laufen hält, zu befreien. Vielleicht haben Sie schon mal am eigenen Leib gespürt, dass vermeintliche Nachteile, Rückschläge, Misserfolge, Niederlagen und ernste Krisen auch einen positiven Aspekt enthalten können oder sich im Nachhinein sogar als Glücksfall erwiesen haben. Ein solcher Perspektivwechsel lässt sich gezielt trainieren. Es geht also darum, der vermeintlich nur schlechten Situation einen neuen Rahmen (Reframing) zu geben, sie neu zu betrachten und zu bewerten.
Wenn bei Ihnen das nächste Mal etwas schief läuft, nicht klappt und sich nicht so entwickelt, wie Sie dachten, könnten Sie sich selbst die Frage stellen: „Bei allem Ärger, welchen positiven Aspekt gibt es? Was daran ist sogar von Vorteil?"

Beispiel: Der Auslandsjob hat nicht geklappt. Statt Icke auf den Leim zu gehen und sich selbst zu verurteilen, dass man es mal wieder vermurkst hat, wäre eine „hilfreich gerahmte“ Reaktion: „Ich gehe nicht ins Ausland, dafür muss ich meinen tollen Freundeskreis nicht aufgeben.“
Beispiel: Sie halten Diät, doch seit dem letzten Wochenende stagniert das Gewicht. Statt sich Vorwürfe zu machen und an sich zu zweifeln, probieren Sie es doch mal so: „Dafür hatte ich einen unterhaltsamen Grillabend, bei dem ich so viel gelacht habe wie schon lange nicht mehr.“

Drei Übungsbeispiele für Sie:

a) Ich konnte den Kunden nicht überzeugen.
   Ihr Reframing: ______________________________

b) Ich stehe hier im Stau auf der Autobahn.
   Ihr Reframing: ______________________________

c) Die tolle neue Wohnung habe ich nicht bekommen.
   Ihr Reframing: ______________________________

(Lösungsvorschläge finden Sie auf S. 183 f.)

Die Reframing-Methode soll verdeutlichen, dass es *die* objektive Wirklichkeit nicht gibt, auch wenn Ihr Kritiker so tut. Ob Sie glücklich oder unglücklich sind, sich niedergeschlagen oder herausgefordert fühlen, hängt nicht von den Umständen ab, sondern davon, wie Sie über diese Umstände denken. Ist das, was Ihnen passiert ist, tatsächlich eine reine Katastrophe, oder können Sie das auch anders sehen? Erst mit der Möglichkeit, nicht zwangsläufig in eine Richtung denken zu müssen, gewinnen Sie die Freiheit zurück und bekommen das Heft des Handelns wieder in die Hand. Wenn es *die* Wirklichkeit nicht gibt, sondern ein Ergebnis von Interpretationen ist, warum dann nicht die Interpretation wählen, die am hilfreichsten ist, am stärksten ermutigt und aktiviert?

Und mal ehrlich, äußerst selten geht eine Sache vollkommen daneben. Vielleicht erreichen Sie „nur“ 70 oder 80 Prozent von dem, was Sie sich vorgenommen haben. Das ist mehr als die Hälfte. Das andere wollen Sie noch verbessern? Okay! Und wenn Sie beim nächsten Mal 90 Prozent erreichen – klasse! Versuchen Sie nicht, absolut fehlerlos zu werden. Das klappt sowieso nicht. Sie wissen doch: Niemand ist perfekt.

Abgesehen davon ist der Perfektionismuszwang für das Selbstvertrauen fatal. Wer erwartet, alles immer absolut vollkommen zu machen, wird jedes Zeichen von Unvollkommenheit als Beweis dafür nehmen, ein Versager oder eine Versagerin zu sein. Icke wird sein Bestes geben, dass Sie Gründe finden, sich richtig schlecht zu fühlen. Wäre nicht das erste Mal.

Fehler sind Stufen zum Erfolg – vorausgesetzt man lernt aus ihnen. Dazu ist es notwendig, sich vor allem die Erlaubnis zum Fehlermachen zu geben und sich nicht jeglichen Versuch schon auf halbem Weg mit Killerphrasen wie „Das geht sowieso nicht" zu versagen.

Die statische Haltung, Dinge gar nicht erst zu versuchen, erweist sich im Alter oft als Bumerang. In einer Studie wurden Erwachsene gefragt: „Wenn Sie zurückblicken auf Ihr bisheriges Leben, was bedauern Sie mehr: a) bestimmte Dinge getan zu haben (die sich dann als falsch herausgestellt haben) oder b) bestimmte Dinge nicht getan zu haben." Was glauben Sie, wie die Befragten geantwortet haben? Mich überrascht nicht, dass 75 Prozent bedauerten, etwas nicht getan zu haben. Nachgefragt, um was es da sich dabei handelt, nannten sie gebotene Chancen nicht ergriffen, zu wenig Bildung erworben, auf eine Liebesbeziehung verzichtet zu haben usw.[27]

Wie nagend das Gefühl sein kann, etwas unwiederbringlich versäumt zu haben, schildert Paul Coelho in *Am Ufer des Rio Piedra saß ich und weinte:* „... wenn er dann zurückblickt – und wir blicken immer zurück –, wird er hören, wie sein Herz ihm sagt: ‚Was hast du aus den Wundern gemacht, die Gott über deine Tage verteilt hat? Was hast du mit den Talenten gemacht, die dir dein Meister anvertraut hat? Du hast sie in einer Grube vergraben, weil du Angst hattest, sie zu verlieren. Und so ist dies nun dein Erbe: die Gewissheit, dass du dein Leben vergeudet hast.'"[28]

## Vertrauen motiviert

In Führungskräfteseminaren registriere ich, dass es vielen Vorgesetzten schwer fällt, auf folgende Fragen Antworten zu finden: „In welchen Bereichen ist dieser Mitarbeiter, diese Mitarbeiterin besonders gut?", „Was begeistert ihn oder sie?", „Was ist sein oder ihr Alleinstellungsmerkmal?"

Viel leichter lässt sich beschreiben, „wo der oder die nicht gut ist", „was fehlt", „was er oder sie nicht drauf hat" und „was mich an ihm oder ihr sehr stört ..." Ein klarer Fall von Defizitorientierung, sich auf das zu konzentrieren, was nicht läuft, was negativ ist, was schlecht ist. Das ist nicht nur ärgerlich, sondern geradezu schädlich für alle Beteiligten, für das Unternehmen bzw. die Organisation sowieso. Empfehlenswerter ist der Blick auf den weißen Zahn (s. S. 44), der stärkenorientierte Blick. Das ist das Beste, was Sie in Sachen Mitarbeitermotivation tun können.

## Lust aufs Leben

Was ist grundlegende Voraussetzung, damit Motivation überhaupt entstehen kann? Hier gilt der einfache Satz, den Neurobiologe und Psychotherapeut Joachim Bauer in *Lob der Schule* nannte: „Nichts kommt von allein, die Motivation eben auch nicht."[29] Bauer geht der Frage nach, was im Körper passieren muss, damit die Motivationssysteme des Gehirns ihren Cocktail „über die Theke schieben". Damit der Mensch Lust aufs Leben hat, benötigt der Körper eine Mischung aus Dopamin (eine Art Dopingdroge, die Lust auf Anstrengung und Leistung weckt), körpereigenen Opioiden (die dafür sorgen, dass wir uns körperlich und seelisch gut fühlen) und Oxytozin (das uns dazu bringt, dass wir uns anderen Menschen verbunden fühlen und uns für sie einsetzen). Hier bestätigt sich, was ich an anderer Stelle bereits erwähnte: „Neueste neurobiologische Studien zeigen: Entscheidende Voraussetzungen für die biologische Funktionstüchtigkeit unserer Motivationssysteme sind das Interesse, die soziale Anerkennung und die persönliche Wertschätzung, die einem Menschen von anderen entgegengebracht werden."[30] Führungskräfte, die ihrem Team mit großem Misstrauen begegnen, die nur auf die vermeintlichen Fehler gucken, die vom Defizitdenken beherrscht sind, lassen genau das vermissen.

Am Motivations- und Demotivationskreislauf[31] wird deutlich, welche Folgen die Haltung der Führungskraft auf die Motivation ihrer Mitarbeiterinnen und Mitarbeiter hat: Stellen Sie sich vor, Sie haben einen Kollegen, der ein Projekt leiten soll und dem Sie nicht allzu viel zutrauen. Sie übertragen ihm die Aufgabe nur ungern, aber es sind einfach zu wenige Leute im Team. So hat die Geschäftsführung beschlossen, dass er das machen soll. Sie sind davon nicht erbaut. Icke macht derweil Druck, weil Sie nachgegeben haben:

„Warum hast du Weichei dich nicht durchgesetzt und verhindert, dass der den Job kriegt? Typisch, das kann nur dir passieren."

Derartig bearbeitet braucht es nicht viel, um die Fähigkeiten des Mitarbeiters gering einzuschätzen. Und wenn Sie mal genau nachdenken: Er hat so einen Job noch nie gemacht. Wenn Sie noch genauer überlegen, hat er auch letzte Woche sehr unsicher gewirkt, als er nur diese Mail an den Kunden schicken sollte. Eigentlich eine Kleinigkeit, die jeder Praktikant schnell erledigt. Diese Unsicherheit, die der an den Tag legt! Die wird für alle wahrscheinlich zum Verhängnis. Und bestimmt kommt er mit dem Druck nicht klar, das Projekt ist eine große Verantwortung. Dann bleibt wieder die ganze Arbeit an Ihnen hängen. Aber Sie haben keine Wahl.

Seien Sie sicher, dass Sie sich derartig „eingestimmt" gemäß Ihrer Gedanken verhalten und Ihre Meinung ihm gegenüber auch in entsprechenden Worten zum Ausdruck bringen wie zum Beispiel: „Wahrscheinlich wird das jetzt ziemlich schwierig für Sie. Wenn Sie nicht klarkommen, sehen Sie wenigstens zu, dass Sie Bescheid sagen. Sie dürfen auf keinen Fall wieder so unsicher wirken, sonst kriegen Sie ganz große Probleme. Glauben Sie bloß nicht, dass das hier ein Kinderspiel wird. Die Kollegen können sich ganz schön querlegen, wenn man nicht von Anfang an zeigt, wo der Hammer hängt."

Sowohl verbal als auch – was noch stärker wirkt – nonverbal (siehe Überzeugungspyramide, S. 88) werden Sie ihm das Signal schicken: „Ich glaube nicht an dich, ich trau dir das nicht zu, wahrscheinlich schaffst du das nicht ..." Der Mitarbeiter wird Ihre Signale empfangen, ob er Ihre Haltung nun Ihren Worten und der Tonlage entnimmt oder Sie ihm das über Mimik, Gestik, Körpersprache und Blickkontakt spiegeln. Keine Frage, das demotiviert. Sein Vertrauen in sich selbst wird weiter geschwächt. Er versucht sich zusammenzureißen, um noch mehr Fehler zu vermeiden. Infolgedessen verhält er sich zögerlich. Ängstliche Gedanken hemmen die Kreativität und engen ein. Der Mitarbeiter wird immer unsicherer, fragt immer wieder nach, was die Führungskraft, in diesem Falle Sie, darin bestätigt, dass er wirklich wenig auf dem Kasten hat. Und der Mitarbeiter bestätigt es, indem er – vor lauter Verkrampfung – tatsächlich die entsprechenden Fehler macht. „Siehste!", sagen Sie, „Hab ich mir doch gleich gedacht. Das geht nach hinten los." Der Teufelskreis schließt sich (siehe Grafik).

## Der Demotivationskreislauf

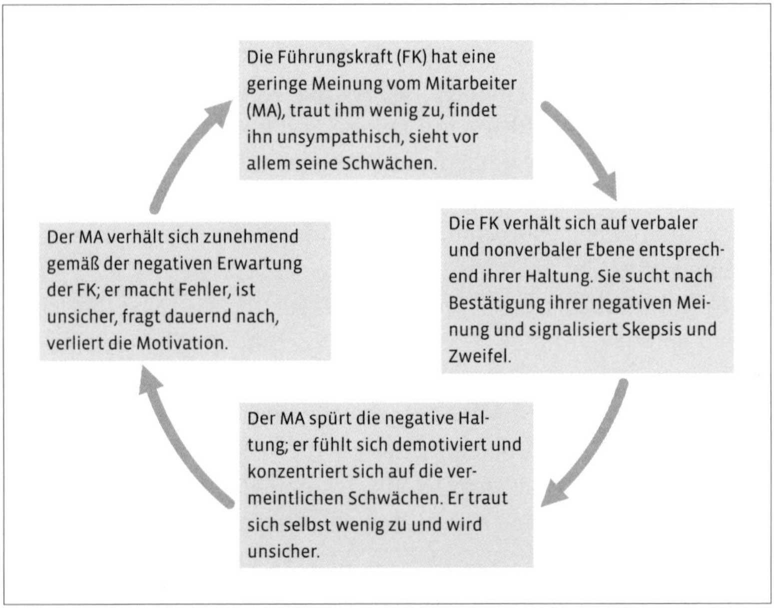


Alternatives Szenario: Sie schauen positiv auf einen Mitarbeiter, der das Projekt leiten soll. Sie denken darüber nach, welche seiner Fähigkeiten wohl am hilfreichsten für die Aufgabe sind. Sie erinnern sich gezielt an Situationen, in denen der Mitarbeiter sich bewährt hat, seine besondere Qualität sichtbar wurde. Mit dem Gedanken an sein Potenzial führen Sie ein anderes, ein deutlich positiveres Gespräch als das, was wir eben erlebt haben. Sie werden körpersprachlich und stimmlich sehr viel zuversichtlichere Signale senden, die der Mitarbeiter als ermutigend erleben wird. Weil die Beziehungsebene stimmt, wird er die Hilfe, die Sie anbieten, nicht negativ als Misstrauen und Zweifel an seinen Fähigkeiten deuten, sondern als kollegiale Unterstützung. Das Vertrauen bewirkt, dass der Mitarbeiter sich selbst mehr und mehr zutraut und selbstbewusster agiert. Er verhält sich in steigendem Maße so, wie Sie ihn eingeschätzt haben. Er arbeitet selbstständig, ist engagiert, kreativ und bringt das Projekt nach vorn, was wiederum Sie bestätigt, sich – Sie ahnten es ja schon – für den Richtigen entschieden zu haben.

## Der Motivationskreislauf

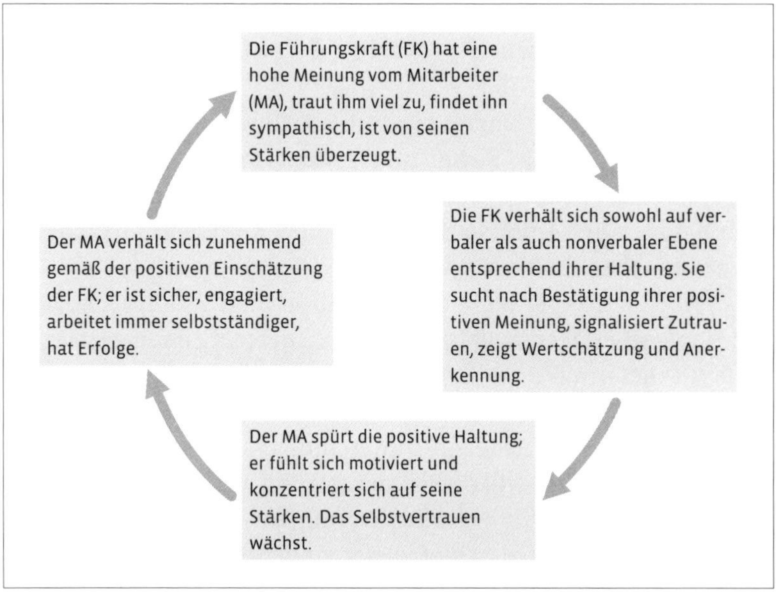


Das Modell des Motivationskreislaufs verdeutlicht anschaulich die Volksweisheit, dass der Glaube Berge versetzen kann. Wenn Führungskräfte an das Potenzial und die Entwicklungsmöglichkeiten ihrer Mitarbeiterinnen und Mitarbeiter glauben, beantworten diese eine solche Haltung mit entsprechend überzeugenden Arbeitsergebnissen.

Es lohnt sich also für alle Beteiligten, sich auf die positiven Seiten des Gegenübers zu konzentrieren, statt sich permanent auf die Fehlersuche zu begeben.

„Das ist doch eine Illusion. Es gibt so viele Pappnasen, die nichts taugen. Pass auf, dass du nicht wieder auf so jemanden reinfällst. Vertrauen, schön und gut, Kontrolle ist viel besser."

## Der Pygmalion-Effekt

Na klar, es läuft nicht immer so idealtypisch wie im Modell des Motivationskreislaufs ab. Sicher gibt es Ausnahmen von der Regel. Entsprechende Untersuchungen jedoch belegen, dass Menschen dazu neigen, ihr Verhalten den Erwartungen anderer anzupassen. Haben Sie schon mal vom Pygmalion-Effekt gehört?

Damit ist ein Experiment des amerikanischen Sozialpsychologen und Harvard- Professors Robert Rosenthal gemeint, der zeigen konnte, dass Schülerinnen und Schüler sich entsprechend der Erwartungen ihrer Lehrkräfte verhalten. Dazu ließ er den Intelligenzquotienten der Kinder verschiedener Grundschulklassen testen. 20 Prozent jeder Klasse wurden willkürlich ausgewählt und den Lehrerinnen und Lehrern, die nicht wussten, worum es in dem Test wirklich ging, als besonders viel versprechend angepriesen, ohne dass dies mit den tatsächlichen Ergebnissen aus den Intelligenztests übereinstimmte.

Acht Monate später machten alle Kinder den Intelligenztest noch einmal und siehe da: Diejenigen, die den Lehrkräften zuvor als die besonders viel versprechenden angekündigt worden waren, verbesserten ihren IQ-Wert um vier Punkte mehr als die anderen Kinder.

Die positiven Erwartungen der Lehrenden hatten also Einfluss. Auch hier erwies sich übrigens die nonverbale Ebene als die entscheidende: Die Lehrkräfte legten gegenüber diesen Kindern eine deutlich positivere Körpersprache in Form von häufigerem Lächeln, längerem Blickkontakt und stärkerer Zugewandtheit an den Tag.

Besonders erschütternd: Zeigten vermeintlich schlechtere Schüler und Schülerinnen gute Leistungen, zogen sie sich den Unmut der Lehrerinnen und Lehrer zu, weil sie nicht den Erwartungen entsprachen.[32]

## Der stärkenorientierte Blick

Wenn unser Denken, unsere Erwartungen und Vorannahmen im unserem Gegenüber so viel bewirken, kann es nur von Vorteil sein, uns auf die positiven Seiten zu konzentrieren, das heißt, die Stärkenorientierung ganz gezielt zu verfolgen.

Auch Fredmund Malik, Professor in St. Gallen und Management-Berater, beklagt die Defizitorientierung speziell im Management und sieht darin ein deutliches Zeichen von Inkompetenz. Er plädiert auch für den Grundsatz der Stärkenorientierung und Stärkennutzung und erklärt, was man aus seiner Sicht bei allen erfolgreichen, guten Führungskräften beobachten kann: „Sie kümmern sich wenig bis gar nicht um die Schwächen der Menschen ..., weil sie darauf nicht aufbauen ... können. ... weil sie erhebliche Zweifel haben, daran etwas ändern zu können. Sie suchen die Stärken, die schon da sind, und dann gestalten sie die Stellen, Aufgaben und Jobs so, dass die Stärken zur Nutzung gelangen können."[33]

Damit es gelingt, bei anderen vor allem die Stärken zu sehen, ist eins zwingend notwendig: der freundliche Blick auf sich selbst. Nur wer die eigenen Stärken kennt und sich selbst als stark empfindet, kann überhaupt zulassen, dass andere neben ihm glänzen.

Verängstigte, schwache und unsichere Menschen hingegen werden alles tun, um das Wachsen anderer zu unterbinden, vor lauter Furcht, selbst noch kleiner zu wirken. Eine Erfahrung, die so mancher mit unsicheren Vorgesetzten machen muss.

Eine Freundin von mir hatte mehrere Jahre in einer Marketing-Agentur gearbeitet und in dieser Zeit stark unter ihrer Chefin gelitten. Als meine Freundin neu war in der Abteilung, war sie zunächst irritiert über merkwürdige Formen der Rückmeldung. Texte, die sie der Chefin vorlegte, kamen Stunden später auf den Schreibtisch zurück – markiert mit roten Ausrufezeichen oder Strichen. Bei Nachfrage, was das konkret zu bedeuten hätte, konnte die Chefin nicht erklären, was ihr nicht gefiel. „Darüber müssen wir ja wohl nicht reden", lautete dann ihr Kommentar. Was meine Freundin, die zu dem Zeitpunkt schon viele Jahre Berufserfahrung hatte, zunächst noch zum Lachen brachte, fand sie später nur noch anstrengend und zermürbend. Es war nicht leicht, ihrer Chefin etwas recht zu machen. Vor allem, wenn man die Kriterien nicht kannte. Anderen Kolleginnen und Kollegen ging es ähnlich, doch sie hatten sich mehr oder weniger mit dem Korrekturroulette abgefunden. Sie hofften auf gute Tage der Chefin, dann gingen die Texte durch, und man hatte seine Ruhe. Ansonsten lautete die Strategie: nicht auffallen, nichts sagen und hoffen, dass es einen anderen trifft. Meiner Freundin wurde bald klar, dass sie es mit einer total überforderten Chefin zu tun hatte, die voller Angst war, dass ihr jemand auf die Schliche kommen könnte, was sie alles nicht kann. Die Chefin erlebte sich offensichtlich als defizitär, war mit ihren Fähigkeiten sicher auch nicht die richtige Besetzung für die Position. Sie war – ein offenes Geheimnis im Haus – über Vitamin B an diese Stelle gelangt. Was furchtbar war für ihr sehr kompetentes und engagiertes Team, das, anders als die Chefin, viel Erfahrung mitbrachte, studiert und zum Teil schon international gearbeitet hatte. Aber auch für die Chefin muss es die Hölle gewesen sein, immer in der Angst zu leben, „enttarnt" zu werden, immer das Gefühl von Überforderung zu haben, immer zu denken, dass das Team um sie herum mehr drauf hat als sie selbst. Aus lauter Angst war sie launisch, unberechenbar, rechthaberisch, wurde laut, unfair und ließ sich zu zickigen Kommentaren hinreißen, wie „Du hast doch studiert, dann musst du das ja wohl auch wissen". Sie konnte starke Menschen nicht aushalten. Sie wurde nervös, wenn jemand über sich hinauswuchs, Spaß an der Arbeit hatte, Anerkennung von anderen erhielt. Sofort folgte die Strafe auf dem Fuße, zum Beispiel in Form eines besonders stupiden Arbeitsauftrags, den sie 3, 4, 5 Mal überarbeiten ließ, um ihre Macht zu demonstrieren. Niemand konnte es ihr in dieser Stimmung recht machen. Sie versuchte auf ihre Art, diese ihr übermächtig erscheinenden Mitarbeiterinnen und Mitarbeiter wieder klein zu machen. Auf – ihre – Augenhöhe, oder besser noch darunter, zu bringen. Alles andere hätte sie nicht ausgehalten.

Wie hilfreich wäre es für sie gewesen, einmal eine Auszeit zu nehmen und ggf. mithilfe eines Coachs in aller Ruhe einen Stärkencheck zu machen und zu überprüfen: „Was macht mich aus?“, „Worin bin ich gut?“, „Was bereitet mir Freude?“, „Wie kann ich meine Stärken am besten einsetzen?“ Statt sich selbst zu ermutigen, anzuerkennen, dass sie sich selbst vertrauen kann, indem Sie sich erlaubt, Ihre Großartigkeit zu sehen und dann das dafür passende Aufgabenfeld zu suchen, entschied Sie sich für den verzweifelten Versuch, ihr Team zu schwächen, um die Angst vor dessen Größe zu verlieren. Sie entschied sich dafür, ihren Mitarbeiterinnen und Mitarbeitern, die ihr zu stark wurden, das Leben zur Hölle zu machen. In gewisser Weise war sie damit erfolgreich: Manche wechselten die Abteilung, andere wurden ernsthaft krank, auch meiner Freundin ging’s schlecht, bis sie sich schließlich zum Gehen entschied. Die Strategie der Chefin ging jedoch nicht wirklich auf. Die Frau darf heute nicht mehr ihr Unwesen als Führungskraft treiben. Sie wurde degradiert und hat nun keine Leitungsposition mehr. Übrigens zum Wohle aller, sie selbst eingeschlossen, denn offensichtlich hat sie endlich einen Bereich gefunden, in dem sie sicher ist, sich auskennt und sich auf Themen konzentriert, die ihr liegen. Sie wirke seitdem, wie ehemalige Kollegen meiner Freundin berichten, sehr befreit, entspannt und wie ausgewechselt.

## Du bist großartig!

Das Beispiel zeigt, dass der Blick auf die Stärken von anderen immer dann möglich ist, wenn wir zuerst erkennen, welche Schätze in uns selbst schlummern. Ja, wenn wir uns – allen Unkenrufen unseres inneren Kritikers zum Trotz – erlauben, großartig zu sein. Dieser Gedanke, unserem inneren Kritiker keinen Raum zu geben, sondern den Glauben an uns selbst zu festigen, findet sich in Nelson Mandelas Antrittsrede als Präsident von Südafrika. Er zitiert hier aus Marianne Williamsons Buch *A Return To Love: Reflections on the Principles of A Course in Miracles* aus dem Jahre 1992 und sagt, dass es nicht unsere tiefste Angst sei, unzulänglich zu sein, sondern grenzenlose Macht zu haben: *„Es ist unser Licht und nicht unsere Dunkelheit, vor dem wir uns am meisten fürchten. Wer bin ich schon, fragen wir uns, dass ich brillant, großartig, talentiert und phantastisch sein soll? Aber ich frage Dich, wer bist Du, es nicht zu sein? Du bist ein Kind Gottes."* Folglich sei es falsch und kein Zeichen von „Erleuchtung", sich kleiner zu machen, sich zurückzuziehen, das eigene Licht unter den Scheffel zu stellen, nur damit die Menschen in unserer Nähe nicht unsicher werden. Denn: *„Wir sind alle bestimmt, zu leuchten, wie es die Kinder tun. Wir wurden geboren, um die Herrlichkeit Gottes, die in uns ist, zu offenbaren."*
Diese sei in allen Menschen, nicht in wenigen Auserwählten. Und immer, wenn wir uns selbst erlauben, genau dieses Licht strahlen zu lassen, so Mandela, dann geben wir auch unbewusst allen anderen die Erlaubnis, dasselbe zu tun.

*„Wenn wir von unserer eigenen Angst befreit sind, befreit unsere Gegenwart automatisch andere."*

Ihre Strahlkraft bleibt erhalten, wenn Sie sorgsam mit Ihren Ressourcen umgehen, wenn Sie sich erlauben, auch mal halblang zu machen, Pausen einzulegen und Perfektionismusanfälle beiseite zu schieben. Wer immerzu alles so wahnsinnig richtig machen will, macht sich vor allem selbst so wahnsinnig richtig viel Stress – ein

Zuviel des Guten kann Ihr Licht schnell zum Verglühen bringen. Also halten Sie das Laufrad immer wieder an, steigen Sie aus, und lassen einfach mal locker. Mehr dazu lesen Sie im nächsten Kapitel.

# 9. Lassen Sie locker
# ... und lachen Sie Icke aus

Locker lassen – schön und gut. Aber finden Sie nicht auch, dass Sie öfter Sport treiben sollten? Ihre Kondition lässt ganz schön zu wünschen übrig. Stimmt's? Sie sollten sich gesünder ernähren, weniger Zucker, weniger Fett, mehr Vollkorn und Obst essen. Was erzähle ich Ihnen eigentlich, das wissen Sie ja längst. Doch wenn Sie das so genau wissen, sollten Sie sich bitteschön auch dran halten. Dann wird Ihre Ausdauer auch wieder besser. Denn, so raten die Expertinnen und Experten eindringlich, Sie sollten mindestens dreimal die Woche eine halbe Stunde Sport machen. Mindestens! Sonst bringt das gar nichts. Abgesehen von Ihrer Gesundheit, der Sie damit was Gutes tun, sollten Sie ein Vorbild für die Kinder und Kindeskinder sein und mit gutem Beispiel vorangehen. Und sowieso ist gerade beim Nachwuchs von Anfang an alles richtig zu machen – das richtige Spielzeug, die richtigen Spielfreunde, die richtige Kleidung, die richtige Schule, das richtige Hobby, später die richtige Berufswahl.

Und, ach, Familie ist natürlich nicht alles im Leben. Meinen Sie nicht auch, dass Sie sich ein bisschen intensiver um Ihren Freundeskreis kümmern sollten? Wann haben Sie zuletzt die engsten Freunde getroffen? Eben!

Wenn man's genau betrachtet, ist Ihr Partner in letzter Zeit auch zu kurz gekommen. Richtig? Daher sollten Sie wieder mal etwas ganz Besonderes zusammen unternehmen. Vorher aber bitte noch flott die Steuererklärung machen, die erledigt sich schließlich nicht von allein.

Aber zu allererst sollten Sie die Schwiegereltern einladen, das letzte Mal ist schon ewig her und – zwei Fliegen mit einer Klappe – Ihr Partner wird Ihnen dankbar sein, dass Sie daran denken. Damit Sie den Besuch guten Gewissens in die Wohnung lassen können, sollten Sie unbedingt aufräumen. Wie sieht das denn wieder aus? Wenn man sich mal genau umguckt, könnte 'ne Grundreinigung nicht schaden. Das sollten Sie bald erledigen oder noch besser, Sie sollten die Sache mit der Putzfrau endlich mal angehen. Die Richtige zu finden, ist nicht einfach. Hören Sie sich vorher unbedingt genauestens um. Damit kann man so viel falsch machen und sich jede Menge Ärger ins Haus holen.

Mensch, fast hätten Sie's vergessen: Den neuen Garderobenschrank sollten Sie endlich kaufen, wer weiß, wie lange der noch zu dem günstigen Preis zu haben ist. Und Ihr Geld sollten Sie nun wirklich nicht zum Fenster rausschmeißen. Bei all den häuslichen Aktivitäten dürfen Sie nicht vergessen, auch das berufliche Fortkommen im Auge zu behalten. Tun Sie unbedingt jetzt was für Ihre Weiterbildung, sonst ziehen noch alle an Ihnen vorbei. Am besten belegen Sie zunächst mal ein Seminar fürs Zeitmanagement – Sie sollten Ihr privates und berufliches Chaos organisieren lernen. Da stimmt doch was nicht bei Ihnen mit der Planung! Das spüren Sie sicher schon längst. Andere kriegen das doch auch hin.

Damit keine Missverständnisse aufkommen: Der Spaß, ja, der Spaß darf auf gar keinen Fall zu kurz kommen, schließlich ist man nicht mit dem Job verheiratet, und wer bedauert es schon auf dem Sterbebett, nicht mehr Zeit im Büro verbracht zu haben, wie Stephen Covey, der Zeitmanagement-Guru, immer wieder vorbetet. Spaß also auf alle Fälle, nur sollten Sie dafür sorgen, dass er auch sinnvoll ist. Nicht einfach nur was Ablenkendes. Wie wär's mit Kino? Ein guter Film. Aber unbedingt was mit Niveau. Denken Sie dran, dass Sie was angucken, was die Kollegen auch kennen. Sonst können Sie mittags in der Kantine gar nicht mehr mitreden.

Und wenn Sie sich an all das schön gehalten haben, dann sollten Sie sich auch mal belohnen, zum Beispiel gut essen gehen. Achten Sie aber unbedingt darauf, dass in dem Restaurant nur hochwertige, regionale, schonend zubereitete Zutaten benutzt werden, Ihrer Gesundheit zuliebe. Und apropos Gesundheit, zu spät sollten Sie natürlich nicht mehr essen gehen, wegen der Figur. Sie wissen ja, die Sache mit den Pfunden, nach 18 Uhr setzt alles gleich an. Wo wir schon dabei sind. Schauen Sie sich jetzt bitte mal ganz genau an. Ich glaub', wir sind uns einig: Sie sollten öfter Sport treiben ...

## Die Tyrannei des Sollens

„Du solltest ..." „Denk dran ..." „Vergiss nicht ..." „Hören Sie auf mit ..." „Sie müssen ..."

Geht Ihnen diese „Tyrannei des Sollens", wie die deutsch-amerikanische Psychoanalytikerin Karen Horney die nervige „Aufforderitis" genannt hat, auch auf den Keks? Kein Lebensbereich, der nicht von Forderungen, Vorschriften und Geboten durchzogen ist. Schon als Kind wird uns klar gemacht, dass es wichtiger ist, die Forderungen anderer zu erfüllen, als authentisch zu handeln. Auch Eigendialoge sind durchsetzt mit „Du sollst" oder die noch stärkere Form „Du musst" und belegen, dass wir auf andere hören, selbst wenn die gar nicht da sind. Icke gibt wieder sein Bestes!

Erschreckend, dass diese Tyrannei des Sollens hausgemacht ist. Ursprünglich von außen herangetragene Forderungen haben wir so verinnerlicht, dass sie die eigenen Gedanken geradezu verseuchen. Aus gesunder Anforderung wird so bei vielen Menschen eine längst ungesunde Überforderung. Tolle Erfolge im Job, ein erfülltes Privatleben, eine gesunde Lebensweise – perfekte Ergebnisse in allen Lebensbereichen sind bitteschön das Mindeste. Überprüfen Sie Ihren inneren Dialog mit sich selbst, wie häufig derlei Aufforderungen darunter sind. Lebensfreude sieht anders aus. An der Tyrannei des Sollens hat nur einer wirklich Spaß. Ja, richtig, Nervensäge Icke.

„Kann schon sein, dass dir das nicht alles gefällt. Erstens wirst du nicht gefragt und zweitens gilt: Nur die Harten komm' in' Garten."

Damit hält er uns auf Trab und das Laufrad in Bewegung, sodass wir uns nur mit großer Mühe daraus befreien können. Manchmal gelingt das leider erst, wenn eine Krise, schwere Krankheit oder ein Schicksalsschlag eintritt und wir innehalten und uns fragen: „Was will ich wirklich?“

## Den Handlungsspielraum erweitern

Alles immerzu richtig machen zu sollen, engt ein, stresst, macht krank. Noch dazu ist Icke mit seinen Einpeitschversuchen nicht allein auf weiter Flur. Er kriegt jede Menge Unterstützung von Ernährungsexpertinnen und -experten, Ärzteschaft, Therapeutinnen- und Therapeuten, der Wissenschaft und – Asche aufs eigene Haupt – Ratgeberautorinnen und -autoren. Es liegt ja in der Natur der Sache: Menschen suchen Rat, was in dieser oder jener Lebenssituation am besten zu tun ist. Die Leserinnen und Leser erwarten Tipps und Vorschläge, was empfehlenswert und hilfreich ist, welche Erfahrungen es in bestimmten Themenfeldern gibt, was die Forschung sagt etc. Soweit so gut. Damit daraus nicht neue Zwänge und einengende Soll-Auflagen entstehen, ist es hilfreich, sich klar zu machen: Sie haben die Wahl, was Sie davon annehmen und was nicht. Ziel dieses Buches ist, Sie dabei zu unterstützen, Ihre Wahlmöglichkeiten und damit Ihren Handlungsspielraum zu erweitern. Denn wahre Freiheit entsteht erst dann, wenn man die Wahl hat – auch wenn Icke das anders sieht.

„Hier geht's nicht darum, was du willst.
Das Leben ist doch kein Honigschlecken."

Ich schließe mich da lieber dem Psychologen und Autoren Steve Andreas an, der Folgendes gesagt hat:

> „Wenn Sie nur eine Möglichkeit kennen, etwas zu tun, sind Sie ein Roboter.
> Kennen Sie nur zwei Möglichkeiten, so befinden Sie sich in einem Dilemma.
> Nur wenn Sie mindestens drei Möglichkeiten kennen, eine bestimmte Sache zu tun, können Sie wirklich wählen."

Mein Wunsch: Bleiben Sie locker. Sehen Sie das Buch als Angebot, Ihr Spektrum zu erweitern und nicht als Pflichtprogramm, das Kapitel für Kapitel abgearbeitet werden muss. Picken Sie sich die Rosinen raus, die Ihnen schmecken und weiterhelfen. Sie entscheiden, was Sie ausprobieren, annehmen, wo Sie zugreifen und was Sie links liegenlassen.

## Einfach mal nichts machen

Apropos links liegen lassen. Wie gut können Sie lockerlassen und mal nichts tun? Ich meine wirklich nichts, nada, niente. Ist eine Pause bei Ihnen auch eine Pause oder nur die gute Gelegenheit, kurz mal die Mails zu checken, einen Anruf zu machen und schnell noch was zu besorgen?

In Zeitmanagementseminaren starte ich gern ein Experiment. An einem der Seminartage empfange ich die Teilnehmerinnen und Teilnehmer mit der Nachricht, dass sie jetzt eine Stunde für sich haben. Eine Pause, in der nichts zu tun ist. Die einzige „Auflage": „Genießen Sie Ihre Pause." Diese Aufforderung sorgt in der Regel für Irritationen: „Wie? Nichts machen? Genießen, was genau heißt das?" Ich führe das nicht weiter aus und wiederhole schlicht: „Genießen Sie Ihre Pause. Lassen Sie es sich gut gehen. Wir treffen uns in einer Stunde wieder hier."

Ich bin immer neugierig auf das Wiedersehen, um zu fragen, wie es den Teilnehmerinnen und Teilnehmern ergangen ist. Auffallend häufig kommen Antworten wie zum Beispiel: „Zunächst war ich verwundert, dann habe ich mich gefreut. Hey, freie Zeit, und dann ging's im Kopf ganz schnell los mit den Gedanken: Super, dann kannst du X erledigen, dich schnell um Y kümmern. Die Zeit nutzen, um ..." Immer wieder berichten Klientinnen und Klienten nach derlei Experimenten, dass ihr innerer Kritiker die Peitsche schwingt, um sie anzutreiben, falls Entspannungsphasen „drohen".

„Boah, da kannst du endlich mal erledigen, was du aus
lauter Faulheit immer noch nicht gemacht hast.
So was Träges wie dich, das findet man kein 2. Mal.
Andere lassen sich nicht so hängen.
Die hätten das alles schon längst gemacht."

Immer wieder die gleiche Leier. Beschimpfungen, Übertreibungen, Vergleiche. Icke weiß, wie er Sie davon abhält, freie Zeit zu genießen.

Auch im Seminar gelingt es meist nur einer Minderheit, in der geschenkten Stunde einfach mal nichts zu tun. Ein IT-Experte erzählte, er musste sich richtig zwingen, rauszugehen, sich auf die Bank in die Sonne zu setzen, einfach nur in die Landschaft zu gucken und vor allem dort sitzen zu bleiben. „Eine Stimme in mir sagte unaufhörlich: Du kannst doch die Zeit nicht einfach so vertrödeln. Lies wenigstens was."

### Icke-Knebel-Trick Nr. 25: Eine Auszeit nehmen

Wann immer Sie sich unter Druck setzen, Erschöpfungssignale nicht wahrnehmen und perfekte Ergebnisse erwarten, schaden Sie sich und erreichen letztlich das Gegenteil von dem, was Sie beabsichtigt haben. Erlauben Sie sich, nicht rund um die Uhr auf Hochtouren zu laufen. Pausieren Sie. Wie wäre es damit genau jetzt? Lehnen Sie sich zurück, schließen Sie die Augen und machen Sie – nichts. Okay, atmen selbstverständlich schon ...

Vielleicht ist es Ihnen auch schon aufgefallen: Wenn Sie sich etwas Gutes gönnen, eine Auszeit nehmen, einfach zwischendurch mal eine Pause einlegen oder gar einen Urlaub außerhalb der Reihe planen, müssen Sie sich erst überzeugen, dass das in Ordnung ist, dass Sie dazu berechtigt sind. Denn der persönliche Miesepeter hat was dagegen und legt mit entsprechendem Gebrabbel auch gleich los:

„Weshalb bildest ausgerechnet du dir ein, diesen Urlaub verdient zu haben? Das bisschen Arbeit, das machen andere mit links."

Selbst am Strand unterm Sonnenschirm mit Blick aufs azurblaue Meer schleicht sich der ungebetene Gast an. Er bringt Sie dazu, noch in der allerschönsten Urlaubsatmosphäre darüber nachzudenken, was Sie gleich nach den Ferien als erstes angehen sollten, wo Sie doch jetzt dauernd und für sooo lange Zeit nichts tun, einfach nur rumhängen, sich gehen lassen, sich nicht mal ein durchgeplantes Sportprogramm in Ihrer Freizeit auferlegt haben, träge wie Sie sind. Icke spürt sofort, wenn seine Worte fruchten und das schlechte Gewissen sich in Ihnen regt. Dann setzt er eins drauf und bringt Sie dazu, noch ehe Sie es merken, den Schritt ins Laufrad zu setzen. Denn nun fällt Ihnen plötzlich ein: „Ja, klar, im Hotel gibt's doch kostenlos WLAN ... Da bietet es sich doch förmlich an, gleich jetzt noch die eine winzige Mail zu schreiben. Und wenn man schon mal drinnen ist, auch das klitzekleine Telefonat zu führen. Ja, Urlaub hin oder her, aber da fällt einem doch kein Zacken aus der Krone. Was weg ist, ist weg." Wo wir schon bei schlauen Sprüchen sind, setzt Icke – da es gerade so gut für ihn läuft – gern noch einen obendrauf und bestätigt Ihren Entschluss:

„Morgen, morgen, nur nicht heute, sagen alle faulen Leute."

Genau! Statt der langweiligen Urlaubslektüre kann man doch auch den Geschäftsbericht mit an den Strand nehmen. Das bringt mehr, als in so 'nem ollen, nutzlosen Schinken zu schmökern. Gott sei Dank haben Sie den Bericht in weiser Voraussicht vor der Abreise noch schnell in den Koffer gepackt. Den können Sie jetzt in Ruhe durcharbeiten. Das spart erheblich Zeit, wenn Sie erst wieder im Büro sind. Abschalten? Ferien? Ruhe? Ach, papperlapapp. Sie liegen ja schließlich beim Durcharbeiten der Akten am Strand mit schön blauem Meer vor der Nase. So viel Entspannung muss reichen. „Dir fällt die Umstellung danach auch wieder viel leichter", bestätigt Icke händereibend Ihre sooo vernünftige Entscheidung.

## Die Balance halten

Sich Pausen zu gönnen, aufzutanken und das Ganze auch noch mit gutem Gewissen zu genießen, das weiß der innere Kritiker zu verhindern. Könnte ja sein, dass Sie durch Lockerlassen wieder zu neuen Kräften kommen und dann einfach ein zu starker Kontrahent werden.

„Arbeit, Müh und Fleiß geben Ehr und Brot.
Müßiggang und Schläfrigkeit sind schon halber Tod."

Ach, Icke, nur weil's sich reimt, wird's nicht glaubwürdiger. Psychoanalytiker Erich Fromm sieht das ganz anders: „Zwanghaftes Arbeiten allein würde die Menschen ebenso verrückt machen wie absolutes Nichtstun. Erst durch die Kombination beider Komponenten wird das Leben erträglich." Die Mischung macht's. Nur Müßiggang ist sicher genauso wenig ersprießlich wie Arbeit, Anstrengung, Anspannung pur. Die Balance zwischen An- und Entspannung zu finden ist der Schlüssel.

Wie Anspannung geht, das können die meisten von uns sogar im Schlaf problemlos demonstrieren, wenn sie die Zähne so fest aufeinander beißen, dass sie nur noch mit Gebissschiene schlafen können. Mit der Entspannung hapert es dagegen schon eher.

**Icke-Knebel-Trick Nr. 26: Den Spaß zurückholen**

Freie Zeit, abschalten, sich mit Dingen beschäftigen, die für die Arbeit nutzlos sind, die einfach nur Spaß machen – Erholungsphasen braucht der Mensch für die Gesunderhaltung von Körper, Geist und Seele. Daher eine kleine, aber feine Frage an Sie. Je mehr Antworten Sie darauf finden, desto besser: „Wie können Sie sich täglich Spaß gönnen?"

## Dopen für den Job

Einige Leute glauben, dass die Phasen zum Akkuaufladen unnötig sind und nur aufhalten. Um Zeit zu sparen, lassen sie Pausen weg, streichen den Urlaub ersatzlos und versuchen, möglichst drei Dinge auf einmal zu machen – das bekannte Phänomen, auf allen Hochzeiten gleichzeitig tanzen zu wollen. Auf sich selbst zu achten, Bedürfnisse wahrzunehmen, Warnsignale des Körpers zu hören, kommt zu kurz.

Die Folge: Das Leben auf Standby laugt aus und macht krank. Wen wundert es, dass Burn-out-Syndrome auf dem Vormarsch sind? Die drei Hauptkennzeichen der Störung sind emotionale Erschöpfung, negative oder zynische Einstellung gegenüber Vorgesetzten, Kollegen und Kunden und eine pessimistische Einschätzung in Bezug auf den Sinn und die Qualität der eigenen Arbeit. Typische Beschwerden sind Erschöpfung, Schlafstörungen, Nervosität, Reizbarkeit, depressive Stimmungen. Allein im Jahr 2008 waren laut einer Studie der Techniker Krankenkasse deutsche Arbeitnehmerinnen und Arbeitnehmer wegen Burn-Out-Symptomen fast zehn Millionen Tage krank geschrieben. Umgerechnet sind das etwa 40 000 Menschen, die ein ganzes Jahr lang ausfielen. Die Zahl der Burnout-Krankschreibungen ist innerhalb der letzten fünf Jahre um 17 Prozent angestiegen.[34] Stress ist, so die Weltgesundheitsorganisation (WHO), eines der größten Gesundheitsrisiken des 21. Jahrhunderts.

Kein Wunder, dass immer mehr Menschen zu Fluchthelfern greifen, um mit dem täglichen Druck klarzukommen: Dass sich Sportlerinnen und Sportler dopen, hat sich rumgesprochen. Dass Doping jedoch nicht nur ein Thema für Menschen ist, die auf der Jagd nach Medaillen und Sponsorenverträgen sind, ist als Erkenntnis möglicherweise noch nicht so verbreitet. Laut einer Studie der Deutschen Angestellten-Krankenkasse haben bereits zwei Millionen Deutsche aufputschende oder beruhigende Medikamente geschluckt, 800 000 sogar regelmäßig, um im Job mit Stress, Ängsten und Konflikten besser zurecht zu kommen. Nicht mitgezählt sind Alltags-Dopingmittel wie Kaffee, Zigaretten oder Vitamintabletten. Als Begründung geben Befragte an, dass sie den Eindruck haben, sie müssten „in der 24-Stunden-Dienstleistungsgesellschaft stets fit und leistungsfähig sein."[35]

Icke bestätigt uns in der Annahme, alles stets perfekt machen zu müssen, ein Leben ohne Fehl und Tadel anzustreben, nie nachlassen zu dürfen, sich in allen Bereichen des Lebens der Tyrannei des Sollens zu beugen. Um Blamagen zu vermeiden, um ein Scheitern zu verhindern, um bloß nicht Überforderung anzuerkennen, strengen wir uns noch mehr an. Wenn's sein muss, auch mit Hilfsmitteln, wie den eben genannten. Nur um bestehen zu können vor den eigenen sich immer weiter nach oben schraubenden Ansprüchen. Je höher der Anspruch, so viel ist klar, desto größer Ickes Verzückung. Denn das Nichterreichen der so hoch gesetzten Ziele wird immer wahrscheinlicher. Mit Begeisterung packt er seine Messlatte aus, um uns mit strahlender Miene zu zeigen, wo wir schon wieder nicht gut genug waren, was eine Nummer zu groß für uns war, wo andere es sowieso viel besser als wir gemacht hätten. Das ist Gift für unser Selbstvertrauen.

## Was sind Sie sich wert?

Wenn die Anforderungen hoch sind, ist es besonders wichtig, achtsam mit sich umzugehen, eigene Bedürfnisse zu erkennen und ernst zu nehmen, die Ansprüche runter zu fahren und sich damit selbst wertzuschätzen. Apropos: Woraus ziehen Sie Ihren Selbstwert? Viele Menschen können sich selbst nur dann Anerkennung geben, wenn sie ordentlich was geschafft und geleistet haben. Sie müssen etwas vorweisen, um in ihren Augen überhaupt etwas wert zu sein. Aus dieser Überzeugung resultiert auch die Schwierigkeit, etwas als Stärke oder gar Erfolg zu benennen (s. S. 19 ff.), das einem leicht fällt. Denn: „Das war doch nicht anstrengend. Ich bin ja körperlich gar nicht erschöpft. Es hat nicht besonders viel Energie gekostet." Also „ist das doch nichts Besonderes", so die Schlussfolgerung.

Die Kopplung von Leistung und Anstrengung mit Anerkennung und Selbstwert kann aus einem sehr auf Leistung orientierten Elternhaus kommen. Sie ist typisch für Menschen, die als Kind den Eindruck hatten, nicht bedingungslos um ihrer selbst willen geliebt worden zu sein, sondern dass sie sich die Liebe der Eltern durch besondere Anstrengung erst erwerben mussten.

Manche Menschen brauchen geradezu die Leistungsanerkennung anderer, um sich überhaupt einmal freundlich zu betrachten.

Können Sie sich dafür wertschätzen, dass Sie so sind, wie Sie sind, oder brauchen Sie auch bestimmte Ergebnisse und messbare Erfolge, um sich selbst in gutem Licht zu sehen?

„Immer nur du, du, du – du entwickelst dich langsam aber sicher zu einem großen Egoisten. Solche Leute machen sich bei anderen nicht beliebt. Denk dran."

Hallo Icke, jetzt einfach mal den Schnabel halten, die Lauscher ganz weit aufmachen und den weisen Worten des Philosophen Ludwig Feuerbach zuhören. Dessen Rat zu befolgen lohnt sich und hat so gar nichts mit deinen Belehrungen gemein:

> „Deine erste Pflicht ist, dich glücklich zu machen."

Sich selbst wichtig zu nehmen, und zwar mindestens genauso wichtig wie das Umfeld, ist für viele Menschen ein befremdlicher Gedanke. Die Angst, als egoistisch zu gelten, sitzt bei ihnen tief. Wegen dieser Angst fruchten die Sprüche des inneren Kritikers so gut. Man lernt es von klein auf: Nur der Esel kommt immer zuerst. Die anderen sind wichtig und ernst zu nehmen. Erst recht ihre Meinung: Was sollen denn die Nachbarn denken? Hauptsache, man macht es allen anderen recht. Getreu der Devise: Für uns reicht das olle Geschirr, aber wenn Besuch da ist, kommen die schönen Teller und teuren Gläser auf den Tisch. Schließlich kann man dem Besuch die alten Sachen nicht zumuten. Aha, sich selbst aber schon ...?

In diesen Zusammenhang passt die Aussage einer Kollegin. Als sie einen beruflichen Neuanfang gewagt hatte und sich in letzter Minute gegen die für sie zu diesem Zeitpunkt der Neuorientierung sehr wichtige Fortbildung entschied, fragte ich sie nach dem Grund für den Meinungsumschwung. Sie sagte: „Weil das ja nur was für mich ist." Nur für sie, nicht für den Göttergatten, nicht für die Kinder, nicht die Großeltern. Nein, nur für sie. Ihre Wünsche, Bedürfnisse, Karriereplanungen – das waren in ihren Augen keine überzeugenden Begründungen, um die Weiterbildung zu rechtfertigen. Also ließ sie die Sache sausen. Einen Kochkurs hätte sie wahrscheinlich leichter im Familienkreis durchgesetzt.

Vielleicht hilft es allen, die den Egoismusvorwurf nicht aushalten, dass das Für-sich-sorgen auch dem Umfeld dient: Jeder Mensch, der mit sich in Einklang ist, entsprechend der eigenen Stärken lebt, kommt mit schwierigen Situationen besser zurecht, ist ausgeglichen, hilfsbereit und stark. Davon profitieren Freunde, Familie, Kollegen, Nachbarn etc. Oder um es noch einmal mit Mandelas Worten zu sagen:

„... Wenn wir unser eigenes Licht strahlen lassen, geben wir unbewusst unseren Mitmenschen die Erlaubnis, dasselbe zu tun. Wenn wir von unserer eigenen Angst befreit sind, befreit unsere Gegenwart automatisch andere.“

## Icke die Wege verbauen

Locker zu bleiben, gelingt am besten dann, wenn Sie die vier Wege gut im Blick haben, die Ihr innerer Kritiker bevorzugt wählt, um Verspannungsattacken zu starten.

Er versucht es 1. über die *Atmung:* Sie merken es daran, dass Ihnen prompt der Atem stockt oder es Ihnen die Sprache verschlägt.

Ickes 2. Weg führt über das *Denken*, sodass Sie ganz durcheinander sind oder gar keinen klaren Gedanken mehr fassen können.

3. versucht er es über das *Gefühl* mit der Folge, dass Ihre Stimmung in den Keller geht oder Ihnen etwas aufs Gemüt schlägt.

Und 4. versucht der Miesepeter es über den *Körper*, sodass Sie den Druck spüren oder Ihnen etwas unter die Haut geht.

Meine Empfehlung: Die Wege gut zu bewachen und sobald Icke naht, Barrikaden bereithalten, die ihm den Zugang versperren.

## Atmung

Ihre Atmung ist ein schnelles, einfaches, so gut wie jederzeit einsetzbares Steuerungsinstrument, wie Sie es vielleicht schon beim Yoga, dem Autogenen Training, der Muskelentspannung nach Jacobsen oder bei anderen Techniken erfahren haben. Basis dafür ist immer das richtige Atmen. Sie sagen jetzt vielleicht: „Wie? Richtiges Atmen? Wusste gar nicht, dass man dabei auch etwas falsch machen kann."

Dazu ein kleines Experiment: Stellen Sie sich vor einen Spiegel, und atmen Sie einmal kräftig ein. Halten die Luft kurz an und atmen dann kräftig wieder aus. Während Sie dies wiederholen, beobachten Sie sich selbst. Was bewegt sich, wenn Sie einatmen? Ziehen Sie womöglich die Schultern hoch und wölbt sich der Bauch nach innen? Falls ja, dann spricht das für die so genannte Hochatmung. Diese Form haben sich viele Menschen im Laufe ihres Lebens angewöhnt, wegen schlechter Haltung, Stress oder Anspannung. Viel empfehlenswerter jedoch ist die Tiefen- oder Bauchatmung – dabei wölbt sich beim Einatmen der Bauch nach außen, er wird dicker. Verantwortlich dafür ist das Zwerchfell, der Muskel, der den Brust- vom Bauchraum trennt. Beim Einatmen saugt das Zwerchfell mittels Unterdruck Luft in die beiden Lungenflügel. Dabei flacht es immer weiter ab und drückt als Folge nach außen. Und weil es Platz braucht, führt es dazu, dass sich der Oberbauch und die Rippen nach außen schieben. Der Druck auf die Eingeweide nach unten erhöht sich, sodass die untere Bauchdecke sich nach außen wölbt.[36]

„Ach, so esoterisches Zeug. Damit konntest du noch nie was anfangen. Am Ende sollst du noch in einem indischen Ashram sitzen und den ganzen Tag vor dich hinmeditieren. Ich sag nur ommm!"

Da ist unsere Nervensäge einfach mal schlecht informiert. Die Bauch- oder Tiefenatmung ist kein esoterischer Quatsch, sondern die natürlichste Form des Luftholens und -abgebens. Damit sind wir auf die Welt gekommen und praktizieren sie in entspannten Zuständen automatisch, zum Beispiel beim Schlafen. Sie ist deshalb Grundlage vieler Entspannungstechniken, weil sich auf diesem Weg der Organismus beruhigen lässt und sich Verspannungen lösen bzw. gar nicht erst eintreten.

Druck, Selbstsabotageprogramme aus dem Hause Icke und Co, angespanntes Atmen, all das raubt Energie und Lebensfreude. Um wieder in einen kraftvollen Zustand zu kommen, möchte ich Ihnen folgenden Knebel-Trick ans Herz legen, eine Empfehlung des Kundalini-Yoga-Lehrers Otto Hensler:

### Icke-Knebel-Trick Nr. 27: Energie tanken mit „SAT NAM"

Die Übung heißt „SAT NAM", was man mit wahrer Identität übersetzen könnte. In kurzer Zeit ermöglicht sie Ihnen, Energie zu tanken und zu sich zu finden. So geht's: Setzen Sie sich auf einen Stuhl oder noch besser auf den Boden im Fersensitz. Bei gerader Wirbelsäule heben Sie die Arme senkrecht über den Kopf, die Ellbogen sind durchgedrückt und die Handflächen berühren sich. Die Finger fassen nun ineinander, nur die Zeigefinger zeigen senkrecht nach oben. Sprechen sie rhythmisch „SAT NAM", indem Sie beim kraftvollen „SAT" Ihre Bauchdecke kurz einziehen und bei „NAM" wieder entspannen. Nach zwei bis drei Minuten können Sie die Übung beenden – und die hinzugewonnene Kraft spüren, die sich auf drei Ebenen zeigen kann: auf der körperlichen durch die Stärkung der Abwehrkräfte und Atmung; auf der geistigen durch den Abbau von Stress und erhöhter Konzentrationsfähigkeit; auf emotionaler Ebene durch innere Ruhe und wachsendes Selbstvertrauen.

„Nee, guck mal, wie blöd das aussieht.
Das kann nie und nimmer funktionieren."

## Denken

Den Kopf können Sie von Ickes Störversuchen freihalten, indem Sie sich klar machen, dass Sie stets die Wahl haben: Welche Gedanken lassen Sie zu, und welche müssen draußen bleiben? „Du musst lernen, ... dich genauso für deine Gedanken zu entscheiden, wie du dich Tag für Tag für bestimmte Kleidungsstücke entscheidest ...“, rät Richard in dem bereits erwähnten Buch von E. Gilbert.[37] Damit meint er, dass wir die Macht haben, darüber zu entscheiden, was wir denken. Täglich gehen uns ungefähr 50 000 Gedanken durch den Kopf. Die meisten sind Gedanken über uns selbst. Wenn davon viele immer wieder negativ sind – und „dank“ Icke ist das so –, kann man sich ungefähr ausmalen, was sie anrichten: die Stimmung sinkt, das Zutrauen zu sich selbst schrumpft, das Selbstwertgefühl und infolgedessen das Selbstbewusstsein werden angegriffen. Das wiederum ist eine ideale Ausgangsposition für Icke, mit seinen runterziehenden Bemerkungen noch einen draufzusetzen und so Treffer um Treffer bei Ihnen zu landen. Mir helfen in solchen Fällen zwei simple Fragen weiter:

1. Ist dieser Gedanke, den ich da gerade denke, ein hilfreicher?
2. Welcher ist stattdessen hilfreich?

Mit den Antworten darauf habe ich im Nu das destruktive Gedankenkarussell gestoppt und kann selbst die Denk-Richtung bestimmen, die mir persönlich wirklich was bringt.

Für die Zeit vorm Schlafengehen, wenn sich der mentale Saboteur im Bett nur allzu gern dazugesellt, um uns mit quälenden, sich im Kreis drehenden Gedanken wach zu halten, empfehle ich folgenden Knebel-Trick.

## Icke-Knebel-Trick Nr. 28: Magic Moments

Um sich aus Ickes Umklammerung zu befreien, fragen Sie sich, bevor Sie einschlafen: „Was war heute mein Wunder-Augenblick?" Oder noch besser: „Was waren heute meine Wunder-Augenblicke?" Denn davon gibt es bestimmt mehrere. Das Faszinierende an diesem Trick: Je öfter Sie ihn praktizieren, desto mehr Magic Moments wird es geben. Wunder-Augenblicke können sein: das zauberhafte Lächeln der Wurstverkäuferin, die witzige Begegnung mit einem kleinen Straßenköter, eine besondere Wolkenformation am Himmel, der Flug der Schwalben, der erste Krokus im Mittelstreifen, ein frisch gezapftes Bier im Biergarten nach einem stressigen Tag, ein besonderer Geruch beim Vorbeigehen, der Anruf einer „verschollenen" Freundin, ein Sonnenaufgang ... Es gibt Tausende von Wunder-Augenblicken. Es gilt nur, sie auch wahrzunehmen.[38] Mit der bewussten Konzentration auf magische Momente wird klar, was uns Gutes passiert. Das baut auf, macht Mut und nicht zuletzt gute Laune. Und es ist darüber hinaus eine nützliche Übung, um das Augenmerk auf die schönen Seiten des Lebens zu lenken. Viele Menschen haben einen genau entgegengesetzten Blick. Sie konzentrieren sich darauf, was nicht geklappt hat, was sowieso schief gehen wird, was wieder schrecklich war ... Dann ist es ein Leichtes für den inneren Kritiker, in diese negative Stimmung einzusteigen und sie zu verstärken. Mit Magic Moments halten Sie dagegen und machen es dem Miesepeter extrem schwer, es sich in Ihrem Bett bequem zu machen.

Um die negative Gedankenspirale so früh wie möglich zu verhindern, ist es sinnvoll, die Worte zu prüfen, mit denen wir uns – vielleicht auch nur unbewusst – beschäftigen, wie Malcolm Gladwell belegt: Er berichtet von einem Experiment der Psychologen John Bargh, Lara Burrows und Mark Chen von der Universität New York, in dem zwei Gruppen von Studierenden jeweils einen Satzbau-Test machen sollten. Das heißt, ihnen wurden durcheinandergewirbelte Sätze wie „besorgt sie immer um ihn" oder „geht Park er einsam in" gezeigt. Die Versuchspersonen hatten die Aufgabe, die Wörter in die richtige Reihenfolge zu bringen. Eine Fassung enthielt Wörter wie „aggressiv", „dreist", „unhöflich", „eindringen" etc. Die zweite hingegen Wörter wie zum Beispiel „respektieren", „aufmerksam", „würdigen", „höflich." Nachdem sie den Test gemacht hatten, sollten die Studierenden – so der Auftrag – den Fragebogen im Büro des Testleiters abgeben, das am Ende des Ganges lag, und sich dort einen neuen Fragebogen abholen. Was die Teilnehmerinnen und Teilnehmer nicht wussten: John Bargh hatte es so eingerichtet, dass, wann immer jemand einen Testbogen beim Versuchsleiter abgeben wollte, dieser im Gespräch war mit einer anderen Person, die in der Tür stand und den Zugang versperrte. Bargh wollte wissen, wie die Versuchspersonen reagieren. Warten sie ab, oder unterbrechen sie das Gespräch?

Und siehe da, es zeigte sich ein deutlicher Unterschied zwischen beiden Versuchsgruppen. Diejenigen, die mit den unhöflichen Vokabeln „geimpft" waren, unterbrachen das Gespräch nach ca. 5 Minuten. Aus der anderen Gruppe, in deren Sätzen sich höfliche Wörter fanden, unterbrach die überwiegende Mehrheit, sage und schreibe 82 Prozent, das Gespräch überhaupt nicht. Die Verwaltung der Universität hatte dem Versuchsleiter vorab die Auflage gemacht, dass das gesamte Experiment nur 10 Minuten dauern darf. Wer weiß, wie lange diese Gruppe noch geduldig gewartet hätte ...[39]

Es lohnt sich also, genau aufzupassen, welche Worte und Gedanken Sie aufnehmen und zulassen. Und wenn Sie sich zudem verdeutlichen, dass der Verstand sich nicht zur gleichen Zeit mit positiven und negativen Gedanken beschäftigen kann, dann sollte Ihre Entscheidung nicht allzu schwer fallen.

## Gefühl

Nicht nur Worte und Gedanken lassen sich wählen, auch über Ihr Gefühl können Sie entscheiden. Nichts anderes tun Sie, wenn Sie nach Feierabend zur Entspannung die Lieblings-CD einlegen, ein schönes Bad einlassen oder Ihr Lieblingsessen kochen. Allein schon die Vorfreude darauf kann zu einem guten Gefühl verhelfen, stimmt's? Und auch in der Vergangenheit liegende angenehme Situationen sind wunderbar geeignet, um positive Emotionen entstehen zu lassen. Wie war das noch mal auf dieser wunderschönen Insel ...? Ja, und der herrliche Sand ... Und dieses tolle Erlebnis am letzten Tag ...

Ickes düstere Gedankenflut lässt sich auch prima mit folgender Knebel-Einheit austricksen.

**Icke-Knebel-Trick Nr. 29: Dankbarkeitsgründe sammeln**

Verwandeln Sie ein Notizbuch in Ihr persönliches Dankbarkeitsbuch. Tragen Sie immer mal wieder Antworten auf die Frage ein: Wofür oder wem bin ich dankbar?

Damit bekommen Sie in kürzester Zeit einen Perspektivwechsel hin. Weg von Ickes Jammerei hin zu den Geschenken Ihres Lebens. Wenn's Ihnen mal nicht so gut geht, ist das Nachlesen dieser Dankbarkeitsgründe eine wahre Wohltat. Wie wär's, vielleicht beginnen Sie schon jetzt damit?

## Körper

Im Kapitel *Treten Sie stark auf* war die Körpersprache und ihre Wirkung auf Zuschauerinnen und Zuschauer Thema. Doch die Körpersprache wirkt auch nach innen auf uns selbst, was Icke nur allzu gut weiß, sodass er mit Vorliebe diesen Weg für eine Verspannungsattacke auf Sie wählt. Hier ist Wachsamkeit besonders notwendig, weil es sonst in Nullkommanix zu schlechten Zuständen kommen kann. Kleiner Test? Lassen Sie mal Kopf und Schultern hängen und die Mundwinkel nach unten zeigen. Richten Sie den Blick auf den Boden und bleiben Sie einen Moment in dieser Haltung ... Spüren Sie, wie Trübsinn oder Unwohlsein sich breit machen? Und nun richten Sie sich auf, schauen Sie hoch, recken Sie die Arme in die Luft, lassen die Mundwinkel nach oben zeigen. Schlagartig geht's Ihnen besser, oder?

## Lachen Sie Icke aus

Kennen Sie das auch, dass Sie Ickes saudummen Kommentare über sich ergehen lassen und ihm Sekunde für Sekunde mehr Glauben schenken, obwohl Sie doch eigentlich wissen, dass es sich um verbalen Durchfall handelt? Um sich den Miesmacher vom Hals zu halten, versuchen Sie es doch mal mit dem seit Menschengedenken bewährten und absolut nebenwirkungsfreien Allheilmittel: mit Humor. Lachen Sie Icke aus und zeigen Sie ihm mit einem süffisanten Grinsen, das Sie nicht bereit sind, ihn ernst zu nehmen: „Oh, du Scherzkeks, geh raus zum Spielen, ich hab jetzt Wichtigeres zu tun."

Humor als „Trotzmacht des Geistes" (Viktor Frankl) zu aktivieren, lohnt sich auf allen Ebenen. Sie bekommen den Kopf frei, denn Lachen löst Spannungen, schafft Abstand und verhilft zum Perspektivwechsel. Alles worüber wir lachen können, hat die Implikation: So schlimm kann es nicht sein. Humor weckt kreative Ressourcen und bietet Auswege aus dem Gedankenkreislauf. Wer lacht, schaltet das Großhirn ein und kann sein Wissen auch endlich nutzen und entsprechende Konsequenzen ziehen. Der Körper profitiert von herzhaften Lachanfällen, weil Stresssymptome weniger werden, der Blutdruck runtergeht und die Immunabwehr gestärkt wird.

### Icke-Knebel-Trick Nr. 30: Gesunden Abstand schaffen

Machen Sie es wie der französische Theaterschriftsteller Pierre Augustin Caron de Beaumarchais, der folgende Vorgehensweise in schwierigen Situationen empfiehlt: „Ich beeile mich, über alles zu lachen, um nicht gezwungen zu sein, darüber zu weinen."

Probieren Sie dazu, statt Ickes Gelaber zu folgen, ein Gedankenspiel: Werfen Sie einen Blick auf die ärgerliche oder schwierige Situation, und stellen Sie sich folgende Fragen:

Was ist hier eigentlich merkwürdig oder skurril an der Situation?
Was ist sogar komisch?
Wenn es Ihnen gelingt, das Absurde an einer Situation zu erkennen, ist das wie die Befreiung aus einer Zwangsjacke. Zu erkennen, dass wir die Wahl haben, wie wir eine Sache betrachten, und dass wir sogar lachen können, gibt uns die Freiheit zurück.

## Amüsierte Gelassenheit

Eins ist sicher: Sobald Sie Icke nicht mehr ernst nehmen und in einen Zustand von amüsierter Gelassenheit kommen, wird sein Handlungsspielraum kleiner und kleiner. Noch dazu haben Sie Ihren Spaß. Mir macht eine bestimmte Humor-Technik besonders viel Freude, gerade weil ich meine persönliche Klette damit ganz schön ins Straucheln bringe, wie ich immer wieder begeistert feststelle. Dazu steige ich zum Schein auf seine Übertreibungen ein und setze noch eins drauf, indem ich ihn in Sachen Pauschalierung und Katastrophieren übertrumpfe. Mit anderen Worten. Ich gebe ihm mehr Recht, als ihm lieb ist.

Wie kraftvoll und befreiend diese Strategie ist, erlebe ich, wenn Teilnehmerinnen und Teilnehmer im Training oder Coaching diese Methode für sich entdecken. Zunächst macht sich jedoch bei den meisten Skepsis breit: „Wie soll das funktionieren, wenn man wütend oder ängstlich ist?“, wandte zum Beispiel Krankenschwester Yvonne im Seminar ein, als ich die „Schlimmer-als-Icke“-Methode vorstellte. Um die Vorgehensweise zu veranschaulichen, bat ich sie eine ärgerliche Situation zu schildern, in der ihr persönlicher Kritiker sie in die Enge getrieben hatte. Yvonne berichtete von einem Dienst mit ihrer Kollegin Brigitta, die schon viele Jahre im Krankenhaus tätig war: „Kürzlich hat sie mich im Beisein von zwei Patienten ziemlich abgekanzelt. Angeblich hätte ich dieses und jenes nicht richtig gemacht. Außerdem hätte sie schon zu lange auf mich gewartet. Dabei hatte ich in der Zwischenzeit jemand anderen versorgt, dem es wirklich schlecht ging, und das wusste sie auch. Ich wollte vor den beiden Patienten nicht die große Streiterei anfangen und sagte dazu nichts. Auch danach war keine Zeit für ein Gespräch. Ich habe sie für den Rest des Dienstes total links liegen gelassen, nur noch das Nötigste mit ihr gesprochen und anders als sonst keinen Handschlag für sie getan. Dienst nach Vorschrift, mehr nicht." Yvonne fühlte sich im Recht – bis zum nächsten Tag, als sie zur Schicht fuhr und an den vorherigen Arbeitstag dachte. Da meldete sich Icke lautstark zu Wort und kritisierte ihr Verhalten. Yvonne erinnerte sich: „Die Stimme sagte: ‚Du hast dich ja ganz schön mies verhalten. Wahrscheinlich hat sich Brigitta schon beschwert über dich. Wenn du gleich ankommst, musst du sicher zur Chefin. Die wird mit dir ein Hühnchen rupfen. Dann vergeht dir aber alles. Wie kommst du nur darauf, dass du dich als Neue mit so wenig Erfahrung so aufführen kannst?‘ Das hörte gar nicht mehr auf mit der Beschimpfung und den Vorwürfen." Die Folge: Yvonne ging es von Minute zu Minute schlechter. Die Angst, in Kürze wieder ohne Job zu sein, was ja laut ihrem inneren Kritiker so sicher wie das Amen in der Kirche war, wurde übermächtig. Als sie zwei Monate zuvor im Krankenhaus angefangen hatte, war sie so froh gewesen, dass sie nach langer Zeit der Arbeitslosigkeit wieder einen Job gefunden hatte, der ihr Spaß machte. Der einzige Wehrmutstropfen war Kollegin Brigitta. Mit ihr war nicht gut Kirschen essen. An besagtem Tag nach dem Vorfall jedenfalls kam Yvonne nach der Autofahrt mit Icke völlig zermürbt und mit zitternden Knien zum Dienst. Ihr Kritiker hatte ganze Arbeit geleistet. Die Fahrt zum Krankenhaus hatte ca. 40 Minuten gedauert – genügend Zeit für den Saboteur, sie fertigzumachen. Dort angekommen wartete zu ihrer großen Überraschung weder ein ernstes Gespräch noch die Kündigung auf sie. Die Kolleginnen begrüßten sie freundlich wie immer. Allerdings bekam sie mit, dass sie über Brigitta sprachen: „Ich hörte, dass es anderen ganz ähnlich mit ihr ergangen war. Dass sich besonders zwei jüngere Kolleginnen ungerecht behandelt fühlten, weil Brigitta wohl immer wieder vor Patienten schlecht über die beiden geredet hatte. Und dass sie sich jetzt über sie beschweren wollten.“ Yvonne erfuhr außerdem, dass Brigitta sich vor gar nicht langer Zeit eine Abmahnung eingefangen hatte wegen eines ähnlichen Vorfalls. „Als ich das alles hörte, war ich sehr erleichtert, fast glücklich. Es liegt nicht an mir, dachte ich. Gott sei Dank! Aber nach einer Weile, als ich mir den ganzen Vorfall noch mal durch den Kopf gehen ließ, da war ich plötzlich traurig, richtig erschüttert, dass ich so wenig – das klingt jetzt vielleicht merkwürdig – zu mir gehalten habe, sondern mich selbst beschuldigt, mir ein schlechtes Gewissen gemacht und mich sogar noch heftig beschimpft habe.“

Für sich Partei ergreifen, eigene Interessen vertreten, sich wertschätzen – das weiß Icke zu verhindern, wie ich an anderen Stellen des Buches gezeigt habe.

Abgesehen davon, dass es bei Konflikten grundsätzlich empfehlenswert ist, zunächst das Gespräch unter vier Augen zu suchen, um die Sache möglichst zeitnah zu klären, stellt sich hier die Frage: Was hätte Yvonne für sich tun können, um eine angenehme und entspannte Fahrt zur Arbeit zu haben, ohne von Icke in die Mangel genommen zu werden?

## Icke übertrumpfen

Schauen wir uns die Situation noch mal an: Yvonne sitzt im Auto und malt sich aus, was wohl im Krankenhaus nach dem Vorfall mit der Kollegin auf sie zukommt: Icke katastrophiert, malt in düsteren Farben aus, was alles passieren wird. Yvonne lauscht seinen Worten und glaubt ihm immer mehr, je länger die Unkenrufe anhalten. In dem Moment, in dem sich das schlechte Gefühl bemerkbar macht, ist es spätestens an der Zeit, den Hebel in die Hand zu nehmen, an dem momentan noch Icke sitzt. Meine Empfehlung an Yvonne: Den Dauernörgler mit den eigenen Waffen schlagen. Statt Icke nur andächtig zu lauschen und die Stimmung von ihm abhängig zu machen, übertrumpfen Sie Ihren inneren Kritiker in Sachen Schwarzmalerei. Wie wär's mit folgenden Worten: „Was sagst du da, Icke, nur die Chefin wird sauer sein? Ha! Die komplette Krankenhausleitung ist schon zu einer Sondersitzung einberufen worden. Da kannste aber sicher sein. Die tagt seit Stunden, was in einem solch schweren Fall wie meinem zu machen ist. Ach, die haben jetzt schon entschieden: Fristlose Kündigung plus Anzeige. Bei einem solchen Fehltritt – da sind rassistische, sexistische oder gewalttätige Vergehen geradezu Kinkerlitzchen. Und die Kolleginnen? Die haben schon zu einer Unterschriftenliste aufgerufen. Die weigern sich alle, jemals wieder auch nur ein Wörtchen mit mir zu wechseln, geschweige denn überhaupt in meine Nähe zu kommen. Die sind sich einig. Man muss vor mir warnen, die ganze Region, ach Quatsch, ganz Deutschland, nein, am besten auch das Ausland. Apropos: Bestimmt sucht man mich längst. Die gehen davon aus, dass ich nach einem solch unglaublich schändlichen Vergehen, die Kollegin einfach eiskalt links liegen zu lassen, nicht mehr zur Arbeit kommen werde und mich in ein anderes Land absetzen will. Schau mal, wahrscheinlich kommt mir in Kürze ein Polizeifahrzeug entgegen. Klar, ich bin längst zur Fahndung ausgeschrieben. I-N-T-E-R-P-O-L sage ich nur! Meine Familie wird schon längst verhört, weil man vermutet, dass ich da vorübergehend Unterschlupf suche!" Wenn Yvonne so oder so ähnlich losgelegt hätte, wäre ihrem Übertreibungsmeister Icke bald die Puste ausgegangen – wetten? Und Yvonne säße am längeren Hebel, bekäme auf humorvolle Weise Abstand von den eigenen Ängsten und wäre in der Lage, wieder vernünftig zu agieren.

Probieren Sie es bei Gelegenheit mal aus. Wenn Icke loslegt, geben Sie ihm mehr Recht, als ihm lieb ist, und katastrophieren Sie, was das Zeug hält! Spinnen Sie das Horrorszenario weiter und weiter! Übertreiben Sie, bis die Schwarte kracht und Sie vor lauter Lachen nicht mehr können! Lachen verhilft Ihnen zu einer komplett anderen Grundstimmung, setzt Energie frei und sorgt letztlich für die im Umgang mit Icke so hilfreiche amüsierte Gelassenheit.

Um sich langfristig von Icke zu befreien, vereinbaren Sie am besten mit sich selbst eine Unabhängigkeitserklärung, die so lauten könnte:

> „Ich allein entscheide über mein Wohlbefinden – niemand sonst."

Das ist die Entscheidung für ein glücklicheres Leben, meint auch der Anthropologe Carlos Castaneda, wenn er sagt:

> „Wir haben die Wahl, uns glücklich oder unglücklich zu machen. Beides ist mit gleich viel Arbeit verbunden."

Haben Sie Ihre Wahl getroffen?

# 10. Tschüss, Icke!

Ist es nicht erstaunlich, wie leicht man dem inneren Kritiker auf den Leim geht, wenn man nicht aufpasst? Ist es nicht erschreckend, wie beharrlich dieser Miesepeter ist? Und ist es nicht wunderbar zu wissen, dass es eine Reihe von Knebel-Tricks gibt, die helfen, ihn außer Gefecht zu setzen – vorausgesetzt, Sie bleiben wachsam und behalten ihn immer schön im Auge?

Mein Icke hat sich mit Händen und Füßen gewehrt, zum Thema eines Buches und damit zum Mittelpunkt einer Anti-Icke-Kampagne zu werden. Er hat alle Hebel in Bewegung gesetzt, um zu verhindern, dass ich seine Machenschaften aufdecke. Angefangen hat er mit dem Versuch, mir einzureden, dass es ihn gar nicht gibt: „Das bildest du dir ein. Andere werden nicht verstehen, worüber du schreibst“. Weiter ging's mit Verharmlosungstaktiken nach dem Motto: „So schlimm sind wir Ickes nun auch nicht. Also stell dich nicht so an. Andere leiden darunter gar nicht.“ Schließlich setzte er auf schwarzmalerisch vorgetragene Befürchtungen: „Das ist kein Thema für ein Buch. Such dir etwas anderes, Konkreteres. Du wirst ewig damit beschäftigt sein, es wird furchtbar anstrengend, und du hast doch auch sonst noch viel zu tun. Lass es“.

Fast hätte er es geschafft, und ich hätte das Ganze ad acta gelegt. Tja, Icke, aber eben nur fast. Zum Glück hatte ich noch Verbündete. Ganz herzlichen Dank sage ich deshalb Otto Hensler, der sich, wenn's sein musste, meinem Icke eiskalt in den Weg stellte und gleichzeitig mich an meine eigenen Worte erinnerte: „Glaub deinem inneren Kritiker nicht – er lügt wie gedruckt.“ Herzlichen Dank für die Unterstützung, das hilfreiche Feedback und Vertrauen sage ich auch Thorsten Schulte, Christin Geweke von Eichborn und Mailin Bremer von STARK. Ein großer Dank geht an alle Freundinnen und Freunde, Klientinnen und Klienten, die mich an ihren Erfahrungen teilhaben ließen. Ohne Ihr/euer Vertrauen wäre dieses Buch nicht möglich gewesen.

Die Ickes dieser Welt sind immer da, wenn man sie am wenigsten braucht. In all den Jahren der Co-Existenz mit uns haben sie ihre Technik perfektioniert. Sie wissen genau, welchen Knopf sie bei uns drücken müssen, damit wir wunschgemäß reagieren. Wie eine Waschmaschine, bei der auf Knopfdruck das ganze Programm abläuft, vorher ist die Tür nicht zu öffnen. Denken Sie dran: Icke weiß null, wer Sie wirklich sind. Es interessiert ihn auch nicht, was Sie tatsächlich drauf haben, welche Talente in Ihnen schlummern, was Sie ausmacht. Er will nicht, dass Sie Ihr Potenzial ausschöpfen. Dann hätte er nichts mehr zu tun. Wäre arbeitslos, bedeutungslos, ein Nichts. Schrecklich für ihn ... und wunderbar für Sie.

Ihnen zu zeigen, dass es Mittel und Wege gibt, Ickes „Waschprogramm“ zu unterbrechen, dass Sie über ein ganzes Repertoire an Möglichkeiten verfügen, um diesem Miesmacher die Kraft zu entziehen, war das Ziel dieses Buches. Mein besonderes Anliegen war es, Sie dabei zu unterstützen, Ihren Glauben an sich zu stärken, Ihr Potenzial zur Entfaltung zu bringen, um Ihre Großartigkeit leben zu können – authentisch, mutig und voller Freude.

Liebe Leserin, lieber Leser, jetzt ist der Moment gekommen, sich zu verabschieden. Unsere gemeinsame Zeit geht zu Ende. Ich sage Danke für Ihre Begleitung auf diese Reise in die Welt des inneren Kritikers. Ich hoffe, es war für sie unterhaltsam, erkenntnisreich und vor allem nutzbringend.

Jetzt aber ist auch für Sie die Zeit gekommen, Ihrem Icke laut und deutlich Tschüss zu sagen. Seine Zeit ist abgelaufen. Tun Sie das einzig Richtige und schicken Sie ihn in die Wüste.

# Lösungsvorschläge

## Icke-Knebel-Trick Nr. 13: Clever kontern

ANGRIFF: Man wird dich für verrückt halten.

KONTER 1: **Was ist denn schon normal?** (Rückfrage-Konter)

KONTER 2: **Ängstliche Mutmaßungen bringen uns nicht weiter.** (Benennungs-Konter)

KONTER 3: **Super, klasse, ein wirklich durchdachtes Argument, um etwas nicht zu tun.** (Humor-Ironie-Konter)

ANGRIFF: Du hast ja nicht mal studiert.

KONTER 1: **So what?** (Rückfrage-Konter)

KONTER 2: **Wenn ich auch noch studiert hätte, wär's ja gar nicht mehr zum Aushalten.** (Humor-Ironie-Konter)

KONTER 3: **Ich brauche im Gegensatz zu manch anderem hier keinen Uni-Abschluss, um logisch zu denken.** (Haifisch-Konter)

ANGRIFF: Sie erzählen aber einen solchen Mist!

KONTER 1: **Wahrscheinlich haben Sie mich nicht richtig verstanden. Ich erklär's Ihnen gern noch mal.** (Cool-down-Konter)

KONTER 2: **Hören Sie bitte auf mit diesen Beleidigungen. Ich möchte mich gern aufs Thema konzentrieren.** (Benennungs-Konter)

KONTER 3: **Das ist das, was ich an Ihnen besonders schätze: konstruktive Kritik, die einen weiter bringt. Danke!** (Humor-Ironie-Konter)

## Icke-Knebel-Trick Nr. 24: Reframing – ein neuer Rahmen

a) Ich konnte den Kunden nicht überzeugen.
   REFRAMING: **Dafür bin ich beim nächsten Mal optimal vorbereitet, weil der Kunde mich auf einen wichtigen Aspekt aufmerksam gemacht hat.**

b) Ich stehe hier im Stau auf der Autobahn.
   REFRAMING: **Dafür habe ich Gelegenheit, diesen wunderschönen Regenbogen in Ruhe zu genießen.**

c) Die tolle neue Wohnung habe ich nicht bekommen.
   REFRAMING: **Dafür spare ich für ein paar Monate die höhere Miete und mache davon noch mal 'ne Woche Urlaub.**

# Anmerkungen

1 Elizabeth Gilbert: Eat, Pray, Love. BvT, Berlin, 2007, S. 206

2 Byron Brown, Befreiung vom Inneren Richter. Die Intelligenz der Seele erkennen. Kamphausen, Bielefeld, 2008, S. 298

3 Joachim Bauer: Das Gedächtnis des Körpers. Wie Beziehungen und Lebensstile unsere Gene steuern. Eichborn, Frankfurt am Main, 2010, S. 202

4 Baltasar Gracián: Handorakel und Kunst der Weltklugheit. Anaconda, Köln, 2005, S. 18

5 Vgl. www.deutscher-diamant-club.de

6 Das Beispiel stammt in ähnlicher Form von Noni Höfner, Diplompsychologin und Leiterin des Deutschen Instituts für Provokative Therapie D.I.P., München

7 Joseph O`Connor/John Seymour: Neurolinguistisches Programmieren: Gelungene Kommunikation und persönliche Entfaltung. VAL, Kirchzarten bei Freiburg, 2004, S. 49.

8 Elke Windisch: Balsam für die russische Seele. US-Präsident Obama gibt sich in Moskau betont moderat – und gewinnt damit sogar Premier Putin. In: Der Tagesspiegel, 8. Juli 2009, S. 5

9 Elke Windisch: Balsam für die russische Seele. US-Präsident Obama gibt sich in Moskau betont moderat – und gewinnt damit sogar Premier Putin, a. a. O.

10 Olaf Standke, Neues Deutschland, 5. Juni 2009. In: www.uni-kassel.de

11 Karim El-Gawhary: Auf Augenhöhe mit arabischer Welt, taz, 5. Juni 2009. In: www.uni-kassel.de

12 Arab News, 5. Juni 2009. In: www.uni-kassel.de

13 Dmitri Babitsch: Obamas Rede an islamische Welt: Neues Schaufenster für Ladenhüter, Ria Novosti, 5. Juni 2009. In: www.uni-kassel.de

14 Licence to kill ist der 1989 gedrehte 16. Film der von Eon Productions Ltd. produzierten James-Bond-Reihe

15 Joachim Bauer: Warum ich fühle, was du fühlst. Intuitive Kommunikation und das Geheimnis der Spiegelneurone. Heyne, München, 2006, S. 11

16 Joachim Bauer. Das Gedächtnis des Körpers, a. a. O., S. 45

17 Weitere Informationen dazu auf meiner Website www.meikemueller.com

18 Friedemann Schulz von Thun: Klarkommen mit sich selbst und anderen: Kommunikation und soziale Kompetenz. Rowohlt, Reinbek, 2004, S. 168

19 Vgl. www.myrespect.info

20 Irvin D. Yalom: Die Liebe und ihr Henker und andere Geschichten aus der Psychotherapie. Goldmann, München, 1999, S. 330

**21** Diese Übung habe ich in ähnlicher Form bei Evelyne Maaß und Karsten Ritschl, Spectrum Kommunikationstraining Berlin, kennengelernt.
**22** Jack und Suzy Welch: Winning. Das ist Management. Campus, Frankfurt am Main, 2005, S. 91.
**23** Vgl. Carol Dweck: Selbstbild. Wie unser Denken Erfolge oder Niederlagen bewirkt. Piper, München/Zürich, 2010
**24** Ebd., S. 246
**25** Vgl. ebd., S. 47 f.
**26** Vgl. ebd., S. 25
**27** Vgl. Ursula Nuber: Leben – jetzt! Warum wir nicht auf später warten sollten. In: Psychologie Heute. Juli 2008, S. 20 ff.
**28** Paul Coelho: Am Ufer des Rio Piedra saß ich und weinte. Diogenes, Zürich, 2000, S. 16
**29** Joachim Bauer: Lob der Schule, Sieben Perspektiven für Schüler, Lehrer und Eltern. Hoffmann und Campe, Hamburg, 2007, S. 18
**30** Joachim Bauer: Ebd., a. a. O., S. 19 f.
**31** Vgl. Elisabeth Haberleitner, Elisabeth Deistler, Robert Ungvari: Führen, Fördern, Coachen. So entwickeln Sie die Potenziale Ihrer Mitarbeiter. Piper, München/ Zürich, 2008, S. 52 ff.
**32** Vgl. ebd. S. 257 f.
**33** Fredmund Malik: Führen, Leisten, Leben. Wirksames Management für eine neue Zeit. Campus, Frankfurt am Main, 2006, S. 125
**34** Vgl. www.tk-online.de
**35** Marion Meyer-Radtke, AFP: 800 000 Deutsche dopen sich für den Job. In: Spiegel Online
**36** Vgl. www.lung.ch
**37** Vgl. Gilbert, a. a. O., S. 260
**38** Vielen Dank an meinen Trainerkollegen Christian Birkholz, KommunikationsKontor Berlin, für diese Übung.
**39** Vgl. Malcolm Gladwell: Blink! Die Macht des Moments. S. 58 ff. Campus, Frankfurt am Main, 2005, S. 58 ff.

# Literatur

Joachim Bauer: Das Gedächtnis des Körpers. Wie Beziehungen und Lebensstile unsere Gene steuern. Eichborn, Frankfurt am Main, 2010

Joachim Bauer: Lob der Schule. Sieben Perspektiven für Schüler, Lehrer und Eltern. Hoffmann und Campe, Hamburg, 2007

Joachim Bauer: Warum ich fühle, was du fühlst. Intuitive Kommunikation und das Geheimnis der Spiegelneurone. Heyne, München, 2006

Thea Bauriedl: Die Wiederkehr des Verdrängten. Psychoanalyse, Politik und der einzelne. Piper, München/Zürich, 1988

Barbara Berckhan: Sanfte Selbstbehauptung. Die 5 besten Strategien, sich souverän durchzusetzen. Goldmann, München, 2009

Cora Besser-Siegmund/Harry Siegmund (Hrsg.): Erfolge bewegen – Coach Limbic. Emotions- und Leistungscoaching mit der wingwave-Methode. Junfermann, Paderborn, 2008

Byron Brown: Befreiung vom Inneren Richter. Die Intelligenz der Seele erkennen. Kamphausen, Bielefeld, 2008

Shelle Rose Charvet: Wort sei Dank. Von der Anwendung und Wirkung effektiver Sprachmuster. Junfermann, Paderborn, 2004

Paul Coelho: Am Ufer des Rio Piedra saß ich und weinte. Diogenes, Zürich, 2000

Carol Dweck: Selbstbild. Wie unser Denken Erfolge oder Niederlagen bewirkt. Piper, München/Zürich, 2010

Katja Dyckhoff/Thomas Westerhausen: Stimme: Instrument des Erfolgs. Metropolitan, Berlin/Regensburg, 2005

Elizabeth Gilbert: Eat, Pray, Love. BvT, Berlin, 2007

Malcolm Gladwell: Blink! Die Macht des Moments. Campus, Frankfurt am Main, 2005

Baltasar Gracián: Handorakel und Kunst der Weltklugheit. Anaconda, Köln, 2005

Elisabeth Haberleitner, Elisabeth Deistler, Robert Ungvari: Führen, Fördern, Coachen. So entwickeln Sie die Potenziale Ihrer Mitarbeiter. Piper, München/Zürich, 2008

Eleonore Höfner u. a.: Das wäre doch gelacht! Humor und Provokation in der Therapie. Rowohlt, Hamburg, 2006

Lelia Kühne de Haan: Ja, aber ... Die heimliche Kraft alltäglicher Worte und wie man durch bewusstes Sprechen selbstbewusster wird. Nymphenburger, München, 2009

Fredmund Malik: Führen, Leisten, Leben. Wirksames Management für eine neue Zeit. Campus, Frankfurt am Main, 2006

Meike Müller: Lizenz zum Kontern. Rhetorische Selbstverteidigung im Job. STARK, Hallbergmoos, 2008

Meike Müller: Nervensägen im Griff. Erfolgreicher Umgang mit schwierigen Menschen. Eichborn, Frankfurt am Main, 2008

Joseph O`Connor/John Seymour: Neurolinguistisches Programmieren: Gelungene Kommunikation und persönliche Entfaltung. VAL, Kirchzarten bei Freiburg, 2004

Rhea Powers: Entfaltung der Seele. Kamphausen, Bielefeld, 2005

Pamela Preisendörfer: Glaubenssätze, Überzeugungen & Co. Von mentaler Sabotage zum vollen Potenzial. Windpferd, Oberstdorf, 2009.

Friedemann Schulz von Thun: Klarkommen mit sich selbst und anderen: Kommunikation und soziale Kompetenz. Rowohlt, Reinbek, 2004

Jerry Weissman: The Power Presenter. Technique, Style and Strategy from America's Top Speaking Coach. Wiley, Hoboken, New Jersey, 2009

Jack und Suzy Welch: Winning. Das ist Management. Campus, Frankfurt am Main, 2005

Marianne Williamson: A Return To Love: Reflections on the Principles of A Course in Miracles. HarperCollins, New York, 1992

Irvin D. Yalom: Die Liebe und ihr Henker und andere Geschichten aus der Psychotherapie. Goldmann, München, 1999

**Zeitschriften/Zeitungen/Internetseiten**

Der Tagesspiegel
Psychologie Heute, Juli 2008
www.deutscher-diamant-club.de
www.lung.ch
www.myrespect.info
www.provokativ.com
www.spiegelonline.de
www.tk-online.de
www.uni-kassel.de
www.zeitzuleben.de